# 幸福黄河研析
# 与河南实践

河南黄河河务局　编

黄河水利出版社
· 郑　州 ·

**图书在版编目（CIP）数据**

幸福黄河研析与河南实践 / 河南黄河河务局编 .
郑州 : 黄河水利出版社 , 2024.8. --ISBN 978-7-5509-
3921-9

Ⅰ. X 321.261
中国国家版本馆 CIP 数据核字第 2024WW3576 号

策划编辑　王建平　　电话：0371-66024993　E-mail：1360300540@qq.com

责任编辑　乔韵青　　　　　　责任校对　高军彦
封面设计　王晓丽　　　　　　责任监制　常红昕
出版发行　黄河水利出版社
　　　　　地址：河南省郑州市顺河路 49 号　邮政编码：450003
　　　　　网址：www.yrcp.com　　E-mail：hhslcbs@126.com
　　　　　发行部电话：0371-66020550
承印单位　河南博之雅印务有限公司
开　　本　710 mm × 1000 mm　1/16
印　　张　19.75
字　　数　255 千字
版次印次　2024 年 8 月第 1 版　　2024 年 8 月第 1 次印刷

定　　价　48.00 元

# 《幸福黄河研析与河南实践》编委会

# 前　言

有一条河，历史上是如此重要。她穿越了中华上下五千年的时空，珠联起中华文明的演化脉络，构建了炎黄子孙的精神图腾。她不仅是一条自然河流，还是中国人血液与生命中的河流，是中华民族的根和魂。

她，就是黄河。

黄河是中华民族的母亲河，哺育着中华民族，孕育了中华文明。黄河流经中原大地，河南因位居黄河之南而得名，在长达 5000 年的华夏文明史中，河南作为全国政治、经济、文化中心长达 3000 多年，先后有 20 多个朝代、200 多位帝王建都或迁都于此。

千百年来，这条大河缔造了灿烂的中原文明，在中国发展史上有着重要的地位。黄河又是一条桀骜不驯的忧患之河，历史上决溢、改道频繁，曾被称为"中国之忧患"。自公元前 602 年到 1938 年的 2540 年间，黄河下游共决溢 1590 次，其中有三分之二发生在河南境内，大的改道 26 次，有 20 次发生在河南，给两岸人民带来深重的灾难。每次决溢，水沙俱下，河渠淤塞，良田沙化，造成的生态灾难长期难以恢复。黄河河南段的防洪与保护治理历来都是黄河下游的重中之重。

世间万物，辩证统一。黄河洪水泛滥造成的水患灾害与黄河日夜不息的奔流带来的水利滋养，一同影响着人民对美好生活和持续发展的思考。有爱有恨，有矛盾和纠结，有不间断的追问，还有多方面的思考。"黄河宁，天下平"遂成为广大人民的千年期盼。

　　善治国者必善治水。从大禹开始，历朝历代都高度重视黄河治理，从某种意义上讲，中华民族治理黄河的历史也是一部治国史。4000 多年前的大禹"随山刊木，疏川导滞"，从简单的"堵"到因势利导的"疏"，"禹之决渎也，因水以为师"，治河思想实现第一次发展。西汉时期，贾让提出人工改道、分泄洪水和巩固堤防的治河"三策"，还提出放淤、改土、通漕等方面的措施，成为治黄史上第一个除害兴利规划。东汉时期，王景采取当时各种可行的技术措施，进行大规模的治理活动，缩短河长、宽河行洪、规顺河流，实现黄河八百年的安澜。明代潘季驯提出"以堤束水，以水攻沙""以清释浑"等一系列主张，取得"河道安流"的成效。民国李仪祉打破传统治河观念，提出要上、中、下游结合，治水与治沙结合，兴利与除害结合，使治河方略向前迈进了一大步。

　　历史的车轮滚滚前进。新中国成立后，党和国家高度重视黄河治理保护，把治理黄河作为安民兴邦的大事来抓。1952 年，毛泽东主席第一次离京巡视就亲临黄河视察，发出了"要把黄河的事情办好"的伟大号召。中国共产党领导的人民治黄事业进入全面治理、综合开发的历史新阶段。以王化云为首的老一辈治黄专家认真研究古今治河经验，不断总结、思考和深化对黄河规律性的认识，提出了"宽河固堤"的治河方略，逐步形成了"上拦下排、两岸分滞"控制黄河洪水以及"拦、排、放、调、挖"处理和利用泥沙的具体措施，形成解决黄河洪水和泥沙问题的总方针。时间进入 20 世纪八九十年代，随着人类社会的快速发展，黄河呈现频繁断流、河道形态恶化、水质污染加重等诸多"病态"，对此，黄河水利委员会党组提出一种崭新的治河理念，将"维持黄河健康生命"作为黄河治理的终极目标，构建了"1493"治河体系，并经历"治河为民、人水和谐""维护黄河健康生命，促进流域人水和谐"等实践探索，治河理念不断发展和丰富完善。全体治黄干部职工和广大沿黄群众戮力同心、奋楫笃行，不羁的黄河由"三年两决口、百年一改道"到现如今的岁岁安澜，黄河治理开发保护取得了举世瞩目的巨大成就。

2019 年 9 月 18 日，习近平总书记在郑州主持召开黄河流域生态保护和高质量发展座谈会，站在中华民族和中华文明永续发展的战略高度，发出"让黄河成为造福人民的幸福河"的伟大号召，明确五大目标任务，将黄河流域生态保护和高质量发展上升为重大国家战略，为我们做好新时代黄河保护治理工作指明了前进方向、提供了根本遵循。

习近平总书记关于黄河流域生态保护和高质量发展的重要讲话精神，以及党的十八大以来，党中央着眼于生态文明建设全局明确的"节水优先、空间均衡、系统治理、两手发力"的治水思路，无不立足于人民立场，坚守着人民情怀。中国特色社会主义进入新时代，社会主要矛盾已经转化为人民日益增长的美好生活需要和不平衡不充分的发展之间的矛盾。新时代的黄河保护治理事业将"以人民为中心的发展思想"贯穿其中，概念更加广博、内涵更加丰富、视野更加长远，由之前以治理开发为主，升华为保护治理为主。新时代黄河保护治理的使命发生了崭新的变化，建设好幸福河，为人民谋幸福。

新时代，新征程，新使命。当前，我国已迈上以中国式现代化全面推进中华民族伟大复兴的新征程。在中国共产党第二十次全国代表大会上，习近平总书记所作的党的二十大报告深刻回答了重大时代课题，开辟了马克思主义中国化时代化的新境界，作出了原创性理论贡献，明确提出，从现在起，中国共产党的中心任务就是团结带领全国各族人民全面建成社会主义现代化强国、实现第二个百年奋斗目标，以中国式现代化全面推进中华民族伟大复兴。水利关系国计民生，在国家发展全局中具有基础性、战略性、先导性作用，中国式现代化需要有力的现代化水利支撑保障体系。黄河是国家"江河战略"的重要组成部分，习近平总书记强调，黄河流域在我国经济社会发展和生态安全方面具有十分重要的地位；保护黄河是事关中华民族伟大复兴的千秋大计；扎实推进黄河大保护，确保黄河安澜，是治国理政的大事。河南黄河地处华夏千年治黄主战场、黄河文化重要发祥地、新时代黄河保护治理重要区域，在黄河流域生态保护和高质量发展中肩负着特殊使命和艰巨任务。

近年来，水利部党组、黄河水利委员会党组深入学习贯彻党的二十大、二十届三中全会精神和习近平总书记关于治水的重要论述，结合全国水利工作以及黄河保护治理事业明确了贯彻落实的新思路、新目标、新举措。水利部党组提出了"坚持以习近平新时代中国特色社会主义思想为指导，坚持稳中求进工作总基调，完整、准确、全面贯彻新发展理念，坚持治水思路，坚持问题导向，坚持底线思维，坚持预防为主，坚持系统观念，坚持创新发展，前瞻性思考、全局性谋划、整体性推动水利高质量发展，着力提升水旱灾害防御能力、水资源节约集约利用能力、水资源优化配置能力、江河湖泊生态保护治理能力，为以中国式现代化全面推进强国建设、民族复兴伟业提供有力的水安全保障"，黄河水利委员会党组提出了以习近平新时代中国特色社会主义思想为指导，坚持稳中求进的工作总基调，牢牢锚定"幸福河"目标，深入贯彻黄河保护法，加快推动新阶段黄河流域水利高质量发展，为以中国式现代化全面推进强国建设、民族复兴伟业提供有力的水安全保障的奋斗目标。

上下同欲者胜。河南黄河河务局党组深入贯彻落实习近平总书记重要讲话精神，在水利部党组、黄委党组的正确领导下，结合河南省委省政府工作部署，深刻理解把握新时代黄河保护治理这个"国之大者"、高质量发展这个时代主题、以人民为中心这个根本立场，认真对标对表中国式现代化的本质要求，积极探索富有河南黄河特色的黄河流域生态保护和高质量发展新路径，大力探索推进"安澜黄河、生态黄河、美丽黄河、富民黄河、文化黄河"建设框架体系研究，构建并丰富完善"1562"发展格局，强力推动"十大重点任务"，搭建了河南黄河保护治理"四梁八柱"，为黄河重大国家战略在河南黄河落实落地开展了积极探索。

雄关漫道真如铁，而今迈步从头越。当前，黄河保护治理的理念方略在长期的研究论证中不断传承发展，保护治理的措施在具体实践中不断迭代更新，河南黄河河务局在探索及实践建设幸福黄河中形成的"五河建设"框架体系也在与时俱进中完善创新发展。在中国式现代化这一创新理论的统领下，"幸福黄河"建设必将焕发新的生机，引领黄河人扎扎实实办好新时代黄河的事情，推动河南黄河保护治理事业从胜利走向新的胜利。

编　者

2024 年 8 月

# 目 录

## 第七章　文化黄河

## 第八章　河南黄河保护治理高质量发展未来展望

# 第一章　幸福河提出的背景与意义

幸福作为人类一直不断探讨的永恒话题，对人的存在和发展具有重要意义。哲学家认为，人世间若没有幸福可以渴求，一切将黯然失色。追求幸福，就是在追求希望、追求未来、追求至善。没有对于幸福的追求，就没有人类的过去与今天，更没有人类的未来。

人总是追求幸福的，这是一个普遍的、基本的社会事实。正如恩格斯在《共产主义信条草案》中所揭示的，"在每一个人的意识和感情中，都有一些作为颠扑不破的原则存在的原理，这些原理是整个社会历史发展的结果，是无须加以证明的""例如，每个人都在谋求幸福。"[①]正是在对幸福的永恒追求中，个体书写了每个人的生命历程，社会书写了人类发展的历史。

河流孕育了人类物质文明和精神文明，从一开始就与人类幸福绑定在了一起。人类社会生产力的发展与河流联系紧密，河流的开发治理保护也对人类文明发展产生了深远影响。人类社会的发展与河流是无法分割的，人类追求幸福的过程也是河流与人类"双向创造"的过程。

2019 年 9 月 18 日，习近平总书记在黄河流域生态保护和高质量发展座谈会上，发出了"让黄河成为造福人民的幸福河"的伟大号召，为黄河保护治理指明了方向，为新时代全国江河保护治理提供了行动指

---

① 《马克思恩格斯全集》第四十二卷，人民出版社，1973。

南。作为新时代江河保护治理主要内容的"幸福河"目标，值得我们进一步深入探讨研究。通过深刻领会"幸福河"的丰富内涵和精神实质，研析实现这一目标的最佳路径和有效举措，我们要把习近平总书记的要求落实到江河治理保护的生动实践中，努力建设造福人民的幸福河。

# 第一节　幸福河提出的背景

善治国者必善治水。

一直以来，中国共产党始终将水问题的治理作为自身的历史使命之一，水利工作始终都是党和国家事业发展的重点工作。当前，我国进入高质量发展阶段，我国的社会主要矛盾已经转变为人民日益增长的美好生活需要和不平衡不充分的发展之间的矛盾，社会发展和河流生态保护之间的矛盾也日益受到更多的关注。立足于全球水危机的严峻形势和人民日益增长的水生态环境需要，以习近平同志为核心的党中央根据我国国情和水情，重新审视治水矛盾，在继承和发展马克思相关论述的基础上，提出了符合中国治水实际和人民需求的新理论，并将其运用到治水工作中去解决水问题。

## 一、人类与河流的关系

人类是自然进化中的一个特殊物种，也是获取、支配自然资源特别是河流水资源最多的一个特殊物种。河流是人类及众多生物赖以生存的基础，也是哺育人类历史文明的摇篮。人类社会的发展历来与河流联系紧密，人类对河流的开发利用不仅影响到了河流自身持续生存的利益，反过来也直接影响了人类的生存。

综观人类文明的发展史，不同时期经济社会发展水平不同，人类改造河流的能力不同，人类认识河流的观念也各不相同，在处理与河流关系时也采取了不同的模式。然而，长期以来人类对河流无节制地开发和利用，加之自然因素的影响，致使当今全世界范围内许多河流都面临生存压力。随着全球工业化和城镇化速度的加快，人类对河流进行了大规模的开发和利用，出现了水资源短缺、水生态损害、水环境污染三大水问题，这些问题反过来约束着人类经济社会的可持续发展以及人民生活质量的进一步提高。

在面对河流诸多危机的今天，我们应该如何重新审视人类与河流的关系，怎样才能实现人与自然的和谐相处？在这样的背景下，科学合理的治河理念、把河流建成幸福之河，对于河流生态环境保护和社会可持续发展意义重大。

我们应当认识到，河流是由河水、河道、堤岸以及生活、生长在其中的动物、植物和生活在沿岸的人类构成的一个有机整体，即河流共同体。人、其他生物和自然物都是这个共同体中的成员。人从河流的征服者转变成河流共同体中的普通一员，这意味着人类应尊重包括人在内的河流共同体中的所有成员，也意味着人类没有任何特权把自己凌驾于其他成员之上。

河流伦理是在人与河流关系高度紧张的条件下产生的。河流伦理突出的是人对河流的责任和义务。河流伦理的主题是关怀河流，是把河流的利益与人的利益放在同等重要的位置，是在整体论意义上强调人与河流利益统一性，在生态意义上强调河流利益的基本性和优先性。河流伦理要求我们在处理人与河流的关系时要关怀河流、尊重河流。我们不能只考虑人的（经济、社会）利益，而应该从人的利益和河流利益并重的双重尺度去衡量和处理河流的相关问题。过去，我们认识和研究河流，目的是最大限度地发挥河流的经济功能，常常考虑如何使河流更好地产出，很少考虑河流的基本需要，即使有时考虑到了河流自身的要求（如生态需水量），也会找出各种理由淡化这种需求。然而，河流伦理向我们发出了严肃的警示：河流的生存权利和健康权利是神圣不可侵犯的，任何人若是无视河流的这类要求，必然会遭到灾难性的惩罚。从河流伦理的整体论观点看，尊重河流、关怀河流也就是尊重和关怀我们自己，因为我们与河流同在一个共同体之中。人类在充分享受河流给予自身生存和社会经济发展的巨大利益的同时，要承担起保护和爱护河流的责任与义务，在发挥主观能动性时要充分尊重河流的客观规律性，其行为要受到自然界的制约，与河流协调共生、和谐发展。

人与河流和谐共生是人与自然和谐共生的重要体现，是构建人与自然生命共同体的内在要求。只有维护河流生态系统的稳定与和谐，才能保证人类的幸福和社会的繁荣。在人类作用于自然的力量迅速增长的条件下，人类更应当自觉地充任自然稳定与和谐的调节者。人类需要河流伦理来帮助适应这种由自然的征服者到自然的自觉调节者的角色转换，从而使人类能够以道德的方式最大限度地适应河流自然环境，实现人与河流的协同发展。

当我们谈论幸福之河时，我们理应关注河流共同体的幸福。马克思主义幸福观认为，幸福的主体是现实生活中的人，幸福的客体是人类认识和进行实践活动所指向的对象，实践是主体与客体之间的桥梁，也就是主客体之间的关系。因此，建设幸福之河既要从人类幸福的需求出发，又要考虑河流自身健康，更要考虑人类与河流相互制约支撑以及和谐发展的关系。

## 二、"幸福河"的提出与表达

任何系统在自然界都不是孤立存在的，河流也是如此，不仅仅是自然的河流，而且是与人类社会紧密联系在一起的河流。建设"幸福河"意味着我们要实现河流共同体的幸福。从人的角度看，"幸福河"首先要满足人民群众对美好生活的向往，如优质可靠的供水、防洪安全保障、优美的水景观、宜居的水环境、丰富的水文化、公众参与水治理，等等；从河流的角度看，"幸福河"要维持河流生态系统自身的健康；从人与河流的关系看，"幸福河"要坚持人水和谐，实现流域高质量发展。

黄河孕育了古老而伟大的中华文明，却一度因人与自然等因素展现出脆弱的生态体系，资源环境承载能力较弱、水土流失严重等问题凸显。党的十八大以来，以习近平同志为核心的党中央立足黄河流域生态脆弱的现状，着眼黄河治理发展的千秋伟业，提出新理念，进行新探索，作出新安排。党和国家将黄河流域生态保护和高质量发展作为事关中华民族伟大复兴的千秋大计，习近平总书记多次深入实地考察沿黄省区，为新时期黄河保护治理、流域省区转型发展指明方向，为黄河流域生态保护和高质量发展重大国家战略擘画蓝图。

2019 年 8 月 22 日，习近平总书记在甘肃考察时强调，治理黄河，重在保护，要在治理。要坚持山水林田湖草综合治理、系统治理、源头治理，统筹推进各项工作，加强协同配合，共同抓好大保护，协同推进大治理，推动黄河流域高质量发展，让黄河成为造福人民的"幸福河"。这是"幸福河"的首次提出。

时隔不到一个月，9 月 18 日，习近平总书记在河南郑州主持召开黄河流域生态保护和高质量发展座谈会，正式提出推动黄河流域生态保护和高质量发展的战略构想，发出了"让黄河成为造福人民的幸福河"的伟大号召，明确提出"幸福河"建设的宏伟目标。

2020年8月31日，习近平总书记主持召开中共中央政治局会议，审议《黄河流域生态保护和高质量发展规划纲要》。会议指出，要把黄河流域生态保护和高质量发展作为事关中华民族伟大复兴的千秋大计，贯彻新发展理念，遵循自然规律和客观规律，统筹推进山水林田湖草沙综合治理、系统治理、源头治理，改善黄河流域生态环境，优化水资源配置，促进全流域高质量发展，改善人民群众生活，保护传承弘扬黄河文化，让黄河成为造福人民的"幸福河"。随后，中共中央、国务院印发《黄河流域生态保护和高质量发展规划纲要》，纲要中两次出现"让黄河成为造福人民的幸福河"，并且将"幸福河"写入了指导思想。

建设"幸福河"是落实好以人民为中心的发展思想的根本要求。党的二十大报告提出，"中国式现代化是人与自然和谐共生的现代化"。实现人与自然和谐共生，增进人民福祉，是推动高质量发展的应有之义。黄河流域生态保护和高质量发展根本立场就是为人民谋幸福、为民族谋复兴，其核心就是要满足人民对美好生活的需要，提高人民福祉。让高质量发展回归到回应人民对美好生活期待的初心上，尤其是满足人民对清新空气、清洁水源、舒适环境、宜人气候等生态产品的需求，是新发展阶段下让黄河成为"幸福河"的具体内容。

"幸福河"这一概念蕴含着黄河保护治理的重大思想方法和重要路径指引，诠释着坚定的人民立场和深切的人民情怀。习近平总书记发出了"让黄河成为造福人民的幸福河"的伟大号召后，水利部党组迅速贯彻落实，明确提出新时代大江大河治理的使命是为人民谋幸福。"幸福

让黄河成为造福人民的幸福河

河"不仅仅适用于黄河，更是全国江河湖泊治理的根本指引。"幸福河"产生于我国河流治理的新时代，相比之前对河流的认识，"幸福河"立足于重大国家战略，从全局的角度、系统的角度出发，要求更高、内涵更为丰富。"幸福河"的提出既是对以往治水思想的传承，更是对新时代新征程中实现人水和谐目标的新要求、新展望。2020 年 11 月，习近平总书记在古运河扬州段考察时再次提到了"幸福河"："千百年来，运河滋养两岸城市和人民，是运河两岸人民的致富河、幸福河。希望大家共同保护好大运河，使运河永远造福人民。"以"让黄河成为造福人民的幸福河"为始，到现在全面"建设幸福河湖"已成为全社会共识。我们要深刻领会"幸福河"的丰富内涵和精神实质，将其贯彻落实到江河治理保护实践中，落实到每一条河流上，以切实提升人们的幸福感。

# 第二节　新时代治水思路与人水和谐思想

"水者，何也？万物之本原也，诸生之宗室也。"管子以水利形容治国时如是说。"上善若水。水善利万物而不争，处众人之所恶，故几于道。"老子以水来拟喻万物背后隐藏至深的规律。"水能载舟，亦能覆舟。"唐太宗李世民用水作比，说明管理者与被管理者之间的辩证关系。"中国历史的特点，水利是大事，是中华民族的大事。"①人民总理周恩来谈及水利工作时如此总结，提纲挈领地点出水利与国家治理的重要关系。

古往今来，随着人类社会的发展进步，人们对水利的认识也发生着深刻的变化。特别是进入高速发展的 21 世纪，人多水少、水资源时空分布不均、水资源短缺、水生态损害、水环境污染、用水效率低下等新老水安全问题极其严重，影响和制约着人们追求美好生活的获得感、幸福感。党的十八大以来，习近平总书记站在实现中华民族永续发展的战略高度，亲自谋划、亲自部署、亲自推动治水事业，就治水发表了一系列重要讲话、作出了一系列重要指示批示，开创性提出"节水优先、空间均衡、系统治理、两手发力"治水思路，形成了科学严谨、逻辑严密、系统完备的理论体系，系统回答了新时代为什么要做好治水工作、做好什么样的治水工作、怎样做好治水工作等一系列重大理论和实践问题，为构建人水和谐生态、推进新时代治水工作提供了强大思想武器。②

节水优先，这是针对我国国情水情，总结世界各国发展教训，着眼中华民族永续发展作出的关键选择，是新时期治水工作必须始终遵循

---

① 曹应旺:《中国的总管家周恩来》，上海人民出版社，2006。
② 李国英:《扎实推动水利高质量发展》，《求是》2023年第8期。

的根本方针。空间均衡，这是从生态文明建设高度，审视人口经济与资源环境的关系，在新型工业化、城镇化和农业现代化进程中做到人与自然和谐的科学路径，是新时期治水工作必须始终坚守的重大原则。系统治理，这是立足山水林田湖生命共同体，统筹自然生态各要素，解决我国复杂水问题的根本出路，是新时期治水工作必须始终坚持的思想方法。两手发力，这是从水的公共产品属性出发，充分发挥政府作用和市场机制，是提高水治理能力的重要保障、新时期治水工作必须始终把握的基本要求。

新征程上，需要坚持以习近平新时代中国特色社会主义思想为指导，坚持"节水优先、空间均衡、系统治理、两手发力"治水思路，全面贯彻落实习近平总书记关于治水的重要论述精神，坚定不移推动水利高质量发展，为建设人水和谐的美丽中国、全面建设社会主义现代化国家、全面推进中华民族伟大复兴提供有力的水安全保障。

## 一、加快构建现代化水利基础设施体系

习近平总书记在党的二十大报告中指出，高质量发展是全面建设社会主义现代化国家的首要任务，明确提出优化基础设施布局、结构、功能和系统集成，构建现代化基础设施体系。水利是实现高质量发展的基础性支撑和重要带动力量。适度超前开展水利基础设施建设，不仅能为经济社会发展提供有力的水安全保障，而且可以有效释放内需潜力，发挥投资乘数效应，增强国内大循环内生动力和可靠性，具有稳增长、调结构、惠民生、促发展的重要作用。

党的十八大以来，习近平总书记多次考察三峡工程、南水北调工程等重大水利工程，研究部署全面加强水利基础设施建设，擘画国家水

网建设。新征程上，要坚持以推动高质量发展为主题，完整、准确、全面贯彻新发展理念，面向建成社会主义现代化强国目标，坚持近期、中期、远期系统规划，做好战略预置，前瞻性谋划推进一批战略性水利工程，加快优化水利基础设施布局、结构、功能和系统集成，建设"系统完备、安全可靠，集约高效、绿色智能，循环通畅、调控有序"的国家水网，强化对国家重大战略和经济社会高质量发展的支撑保障。

按照国家水网总体布局，立足国家重大战略部署和区域水安全保障需求，有序推进区域水网规划建设，加快推进一批重大引调水工程和重点水源工程建设；推进大中型灌区续建配套与现代化改造，夯实粮食安全水利基础和保障。完善省、市、县水网体系，高质量推进省级水网先导区建设，因地制宜完善农村供水工程网络。

## 二、增强水利科技创新支撑引领能力

党的二十大报告指出，必须坚持科技是第一生产力、人才是第一

小浪底水库

资源、创新是第一动力，开辟发展新领域新赛道，不断塑造发展新动能、新优势。党的十八大以来，习近平总书记对深入实施科教兴国战略、人才强国战略、创新驱动发展战略作出一系列重大决策部署，对提升流域设施数字化、网络化、智能化水平提出明确要求。

当前，新一轮科技革命和产业变革加速演进，各种新技术新运用不断涌现。推动水利高质量发展，比以往任何时候都更需要科技创新的支撑引领、科技人才的智慧力量。

在推进中国式现代化建设的新征程上，水利科技创新要坚持面向世界科技前沿、面向经济主战场、面向国家重大需求、面向人民生命健康，认真落实创新驱动发展战略，实现水利领域高水平科技自立自强。按照"需求牵引、应用至上、数字赋能、提升能力"的要求，统筹建设数字孪生流域、数字孪生水网、数字孪生工程，持续推进水利智能业务应用体系建设，构建具有预报、预警、预演、预案功能的数字孪生水利体系。以国家战略需求为导向，集聚力量进行原创性引领性水利科技攻关，加强水利科学基础研究，强化水利科技创新平台建设，提高水利科技成果转化和产业化水平。

### 三、提升水利体制机制法治能力和水平

党的二十大报告指出，必须更好发挥法治固根本、稳预期、利长远的保障作用，在法治轨道上全面建设社会主义现代化国家；深入推进改革创新，着力破解深层次体制机制障碍。完善的法治、健全的体制机制是推进治理体系和治理能力现代化的有效保障。党的十八大以来，习近平总书记多次对完善治水管水体制机制法治提出要求、作出部署，强调要完善流域管理体系，完善跨区域管理协调机制；健全湖泊执

法监管机制；加强流域内水生态环境保护修复联合防治、联合执法。

在推进中国式现代化建设的新征程上，水利工作要坚持目标导向、问题导向，进一步破除体制性障碍、打通机制性梗阻、推出政策性创新，提升水利治理能力和水平。完善水利法治体系，全力抓好《中华人民共和国水法》《中华人民共和国防洪法》《中华人民共和国黄河保护法》等的学习宣传贯彻，加快配套制度建设，健全涉水法律法规制度体系，强化水行政执法与刑事司法衔接、水行政执法与检察公益诉讼协作等机制落地见效，开展重点领域专项执法，扎实推进依法行政，不断提高运用法治思维和法治方式解决水问题的能力和水平。强化流域治理管理，坚持流域系统观念，强化流域统一规划、统一治理、统一调度、统一管理，健全流域规划体系，推进流域协同保护治理，实施流域控制性水工程联合调度、统一调度，推进上下游、左右岸、干支流联防联控联治。深化重点领域改革攻坚，坚持"两手发力"、多轮驱动，在创新多元化投融资模式、更多运用市场手段和金融工具上取得新突破，完善水利工程供水价格形成机制，积极稳妥推进农业水价综合改革。

## 四、强化江河湖库生态保护治理

习近平总书记在党的二十大报告中指出，尊重自然、顺应自然、保护自然，是全面建设社会主义现代化国家的内在要求，明确提出统筹水资源、水环境、水生态治理，推动重要江河湖库生态保护治理。我国众多的江河湖泊哺育了世世代代的人民、滋养了悠久深厚的中华文明。习近平总书记一直牵挂祖国的江河山川，先后在长江上游、中游、下游召开座谈会，从源头到入海口深入考察黄河，部署了长江经济带发展、黄河流域生态保护和高质量发展，确立了国家"江河战略"。我国河长制湖长制已全面建立，一大批长期积累的河湖生态环境突出问题得到有效解决，越来越多的河流恢复生命、越来越多的流域重现生机。

在推进中国式现代化建设的新征程上，要牢固树立和践行绿水青山就是金山银山的理念，从流域系统性出发，坚持山水林田湖草沙一体化保护和系统治理，统筹上下游、左右岸、干支流，推动河湖生态环境持续复苏，维护河湖健康生命。全面实施母亲河复苏行动，健全河湖生态保护标准，全面开展河湖健康评价，持续开展京杭大运河贯通补水、华北地区河湖夏季集中补水和常态化补水，继续开展西辽河流域生态调度，逐步恢复西辽河全线过流。加大河湖保护治理力度，加强重要河湖生态保护修复，推进"河湖长 +"部门协作机制，严格水域岸线空间管控，重拳出击整治侵占、损害河湖乱象，持续推进农村水系综合整治。强化地下水超采综合治理，统筹"节、控、换、补、管"措施，巩固拓展华北地区地下水超采综合治理成效，在重点区域探索实施深层地下水回补，加大重点区域地下水超采综合治理力度。推进水土流失综合防治，加大水土流失严重区域治理力度，在黄土高原多沙粗沙区，特别是粗泥沙集中来源区加快实施淤地坝、拦沙坝建设，推进坡耕地治理和生态清洁小流域建设，加快建立水土保持新型监管机制。

党的二十大报告对新时代新征程水利工作提出了明确要求，涵盖推动新阶段水利高质量发展各方面重大要求。新时代的水利工作者，在推进中国式现代化建设中要对标对表习近平总书记治水重要论述和党中央部署要求，从战略和全局高度，把握好全局和局部、当前和长远、宏观和微观、主要矛盾和次要矛盾、特殊和一般的关系，不断提高战略思维、历史思维、辩证思维、系统思维、创新思维、法治思维、底线思维能力，进一步深刻领悟"两个确立"的决定性意义，增强"四个意识"、坚定"四个自信"、做到"两个维护",不断提高政治判断力、政治领悟力、政治执行力,在思想上政治上行动上同以习近平同志为核心的党中央保持高度一致,踔厉奋发、勇毅前行,扎实推动新阶段水利高质量发展,为全面建设社会主义现代化国家、全面推进中华民族伟大复兴提供坚实的水安全保障。

# 第三节　黄河重大国家战略的内涵

黄河宁,天下平。

自古至今,这是人们对黄河安澜的不变期盼。

黄河清,圣人出。

千百年来,这是人们对天下大治的美好愿景。

黄河是中华民族的母亲河。习近平总书记一直十分关心黄河流域生态保护和高质量发展,党的十八大以来,他多次实地考察黄河,足迹遍布上中下游九省区,多次就黄河保护治理工作作出重要指示批示,立足中华民族伟大复兴和永续发展的千秋大计,亲自擘画、亲自部署、亲自推动了"黄河流域生态保护和高质量发展重大国家战略"。

2019年9月18日,习近平总书记在河南郑州主持召开黄河流域生态保护和高质量发展座谈会并发表重要讲话,发出了"让黄河成为造福人民的幸福河"的伟大号召。2021年10月22日,习近平总书记在山东济南主持召开深入推动黄河流域生态保护和高质量发展座谈会并发表重要讲话,发出了"为黄河永远造福中华民族而不懈奋斗"的新号令。习近平总书记的重要讲话,科学、系统、深刻阐述了黄河流域生态保护和高质量发展的战略方向、重大问题和关键任务，为深入推动黄河流域生态保护和高质量发展提供了根本遵循和科学指南。

## 一、黄河重大国家战略目标任务 [1]

习近平总书记强调，黄河流域是我国重要的生态屏障和重要的经济地带，是打赢脱贫攻坚战的重要区域，在我国经济社会发展和生态安全方面具有十分重要的地位。保护黄河是事关中华民族伟大复兴和永续发展的千秋大计。黄河流域生态保护和高质量发展，同京津冀协同发展、长江经济带发展、粤港澳大湾区建设、长三角一体化发展一样，是重大国家战略。

习近平总书记要求大家要清醒看到，当前黄河流域仍存在一些突出困难和问题，流域生态环境脆弱，水资源保障形势严峻，发展质量有待提高。这些问题，表象在黄河，根子在流域。治理黄河，重在保护，要在治理。要坚持山水林田湖草综合治理、系统治理、源头治理，统筹推进各项工作，加强协同配合，推动黄河流域高质量发展。

第一，加强生态环境保护。黄河生态系统是一个有机整体，要充分考虑上中下游的差异。上游要以三江源、祁连山、甘南黄河上游水源涵养区等为重点，推进实施一批重大生态保护修复和建设工程，提升水源涵养能力。中游要突出抓好水土保持和污染治理。水土保持不是简单挖几个坑种几棵树，黄土高原降雨量少，能不能种树，种什么树合适，要搞清楚再干。有条件的地方要大力建设旱作梯田、淤地坝等，有的地方则要以自然恢复为主，减少人为干扰，逐步改善局部小气候。对汾河

---

① 习近平：《在黄河流域生态保护和高质量发展座谈会上的讲话》，《求是》2019年第20期。

等污染严重的支流，则要下大气力推进治理。下游的黄河三角洲是我国暖温带最完整的湿地生态系统，要做好保护工作，促进河流生态系统健康，提高生物多样性。

第二，保障黄河长治久安。黄河水少沙多、水沙关系不协调，是黄河复杂难治的症结所在。尽管黄河多年没出大的问题，但黄河水害隐患还像一把利剑悬在头上，丝毫不能放松警惕。要保障黄河长久安澜，必须紧紧抓住水沙关系调节这个"牛鼻子"。要完善水沙调控机制，解决九龙治水、分头管理问题，实施河道和滩区综合提升治理工程，减缓黄河下游淤积，确保黄河沿岸安全。

第三，推进水资源节约集约利用。黄河水资源量就这么多，搞生态建设要用水，发展经济、吃饭过日子也离不开水，不能把水当作无限供给的资源。"有多少汤泡多少馍"。要坚持以水定城、以水定地、以水定人、以水定产，把水资源作为最大的刚性约束，合理规划人口、城市和产业发展，坚决抑制不合理用水需求，大力发展节水产业和技术，大力推进农业节水，实施全社会节水行动，推动用水方式由粗放向节约集约转变。

第四，推动黄河流域高质量发展。要支持各地区发挥比较优势，构建高质量发展的动力系统。沿黄河各地区要从实际出发，宜水则水、宜山则山，宜粮则粮、宜农则农，宜工则工、宜商则商，积极探索富有地域特色的高质量发展新路子。三江源、祁连山等生态功能重要的地区，就不宜发展产业经济，主要是保护生态，涵养水源，创造更多生态产品。河套灌区、汾渭平原等粮食主产区要发展现代农业，把农产品质量提上去，为保障国家粮食安全作出贡献。区域中心城市等经济发展条件好的地区要集约发展，提高经济和人口承载能力。贫困地区要提高基础设施和公共服务水平，全力保障和改善民生。要积极参与共建"一带一路"，提高对外开放水平，以开放促改革、促发展。

第五，保护、传承、弘扬黄河文化。黄河文化是中华文明的重要组成部分，是中华民族的根和魂。要推进黄河文化遗产的系统保护，守好老祖宗留给我们的宝贵遗产。要深入挖掘黄河文化蕴含的时代价值，讲好"黄河故事"，延续历史文脉，坚定文化自信，为实现中华民族伟大复兴的中国梦凝聚精神力量。

习近平总书记强调，要坚持绿水青山就是金山银山的理念，坚持生态优先、绿色发展，以水而定、量水而行，因地制宜、分类施策，上下游、干支流、左右岸统筹谋划，共同抓好大保护，协同推进大治理，着力加强生态保护治理、保障黄河长治久安、促进全流域高质量发展、改善人民群众生活、保护传承弘扬黄河文化，让黄河成为造福人民的幸福河。

## 二、中国式现代化建设宏观背景下的要义分析

黄河流域在我国经济社会发展和生态安全方面具有十分重要的地位；保护黄河是事关中华民族伟大复兴的千秋大计；扎实推进黄河大保护，确保黄河安澜，是治国理政的大事。

（一）扛起"国之大者"政治责任

从战略全局看，黄河流域是我国生态安全的重要屏障、高质量发展的重要实验区、中华文化保护传承弘扬的重要承载区，在我国社会主义现代化建设全局中具有举足轻重的战略地位。黄河流域是连接青藏高原、黄土高原、华北平原的生态廊道，拥有三江源、祁连山等多个国家公园和国家重点生态功能区。黄淮海平原、汾渭平原、河套灌区是农产品主产区，粮食和肉类产量占全国三分之一左右，流域煤炭、石油、天

然气和有色金属资源丰富，煤炭储量占全国一半以上，是我国重要的能源、化工、原材料和基础工业基地。黄河流域孕育了河湟文化、河洛文化、关中文化、齐鲁文化等，分布有郑州、西安、洛阳、开封等古都，文化底蕴丰厚。

深入推进黄河重大国家战略，不仅是黄河保护治理的"技术业务"，更是一项重要的"政治任务"。要胸怀"国之大者"，以中国式现代化的本质要求为指引，立足中华民族伟大复兴战略全局、着眼中华民族永续发展，深刻认识到黄河流域在我国经济社会发展和生态安全方面具有十分重要的地位，切实增强政治责任感和历史使命感，再接再厉，接续奋斗，为深入推动黄河流域生态保护和高质量发展贡献水利力量。[1]

（二）坚持以人民为中心

从根本宗旨看，习近平总书记指出，共产党是干什么的？是为人民服务的，为中华民族谋复兴的，所以我们要不断看有哪些事要办好、哪些事必须加快步伐办好，治理好黄河就是其中的一件大事；从某种意义上讲，中华民族治理黄河的历史也是一部治国史。"黄河宁，天下平"，这是千百年来沿岸人民对黄河安澜的长久期盼。黄河流域是多民族聚居地区，解决好流域人民群众关心的防洪安全、饮水安全、生态安全等问题，对维护社会稳定、促进民族团结具有重要意义。

从"让黄河成为造福人民的幸福河"到"为黄河永远造福中华民族而不懈奋斗"，习近平总书记在两次座谈会上发出的伟大号召，出发点和落脚点都是为人民谋幸福，充分彰显了亲民、爱民、忧民、为民的领袖情怀。

---

[1]　水利部党组：《为黄河永远造福中华民族而不懈奋斗》，《求是》2022年第4期。

中国式现代化是人口规模巨大的现代化，是全体人民共同富裕的现代化。深入推进黄河重大国家战略，正是中国式现代化的实现路径之一。要坚持以人民为中心的发展思想，深刻认识推动黄河流域生态保护和高质量发展是满足流域人民对美好生活向往的必然要求，用心用情用力解决好流域人民急难愁盼的"水问题"，持续提升流域人民群众的获得感、幸福感、安全感。

（三）聚焦国家"江河战略"

习近平总书记指出，继长江经济带发展战略之后，我们提出黄河流域生态保护和高质量发展战略，国家的"江河战略"就确立起来了。黄河、长江都是中华民族的母亲河，习近平总书记一直很重视、一直在思考保护治理母亲河的重大问题。习近平总书记站在战略和全局的高度，深刻洞察我国国情水情，深刻分析经济社会发展大势，确立国家"江河战略"，不仅对黄河、长江保护治理作出了全面系统部署，也明确了新时代江河保护治理的方针、原则、方法、路径，科学回答了如何处理好人口经济与资源环境的均衡关系、山水林田湖草沙生命共同体的耦合关系、流域与区域的统筹关系、水资源与生产力布局的适配关系等一系列重大理论与实践问题。

黄河是一条举世闻名的复杂难治的河流。推动黄河流域生态保护和高质量发展对于大江大河治理具有重要标杆意义。我们需要深刻领悟习近平总书记念兹在兹、一以贯之的江河情怀，着力提升黄河流域水旱灾害防御能力、水资源集约节约利用能力、水资源优化配置能力、水生态保护治理能力等，切实做好母亲河保护治理这篇大文章。

（四）构建抵御水旱灾害防线

习近平总书记强调，要统筹发展和安全两件大事，提高风险防范和应对能力。水安全是国家安全的重要组成部分，是生存发展的基础性问题。要高度重视全球气候变化的复杂深刻影响，从安全角度积极应对，全面提高灾害防控水平，守护人民生命安全。要加快构建抵御自然灾害防线。

黄河的特点是水少沙多、水沙关系不协调，以善淤善决善徙而闻名。历史上黄河三年两决口、百年一改道，水旱灾害频发，给沿岸百姓带来深重灾难。中华民族始终在同黄河水旱灾害作斗争，但是黄河屡治屡决的局面始终没有根本改观。新中国成立后，沿黄军民和黄河建设者开展了大规模的黄河治理保护工作，流域防洪减灾体系基本建成，龙羊峡、刘家峡、小浪底等大型水利枢纽工程、持续建设的

龙羊峡水利枢纽工程

堤防工程、河势控导工程等充分发挥作用，保障了伏秋大汛岁岁安澜。

中国式现代化是人与自然和谐共生的现代化。人与自然是生命共同体，无止境地向自然索取甚至破坏自然必然会遭到大自然的报复。黄河水沙关系不协调的特性并未根本改变，流域防洪工程体系尚不健全，下游防洪短板突出，洪水预见期短、威胁大，游荡性河势和"地上悬河"形势严峻，洪水风险依然是黄河流域的最大威胁。

深入推进黄河重大国家战略，必须努力实现人与自然和谐共生，率先实现防洪安全。要更好统筹发展和安全，坚持人民至上、生命至上，坚持安全第一、预防为主，立足防大汛、抗大灾的使命要求，查漏补缺。补好水旱灾害预警监测短板。按照"需求牵引、应用至上、数字赋能、

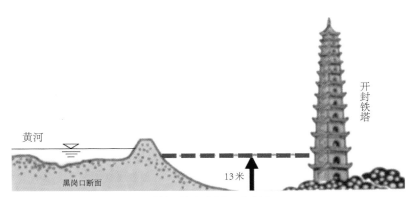

开封"地上悬河"示意图

提升能力"要求，全面推进算据、算法、算力建设，加快构建具有预报、预警、预演、预案功能的数字孪生黄河，强化物理黄河与数字孪生黄河之间的动态实时信息交互和深度融合，实现从被动应对向主动防控转变。补好洪水灾害防御基础设施短板。健全"上拦下排、两岸分滞"防洪工程格局，加快完善流域防洪工程体系和水沙调控体系。抓好病险水库除险加固，优化沿黄蓄滞洪区建设布局，加强城市防洪排涝体系建设，加强山洪灾害防治和中小河流防洪体系建设，保障人民群众生命财产安全。

（五）提升水资源集约节约利用水平

习近平总书记在党的二十大报告中指出，推动经济社会发展绿色化、低碳化是实现高质量发展的关键环节，明确提出实施全面节约战略，推进各类资源节约集约利用。黄河水资源总量不到长江的7%，人均占有量仅为全国平均水平的27%，却承担了全国12%的人口、17%的耕地、50多个大中城市的供水任务。1972—1999年，由于流域来水减少而用水增多，黄河有21年出现河干断流，给沿岸经济社会发展和生态系统造成严重影响。通过实施一系列治理措施，流域用水增长过快局面得到有效控制，入渤海水量年均增加约10%，特别是实施黄河水量统

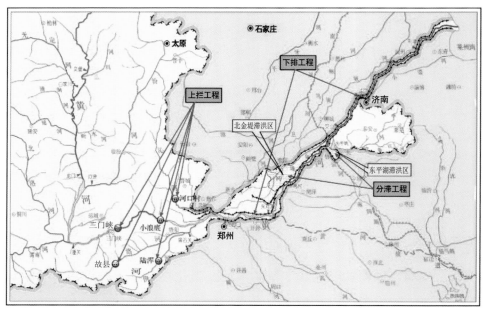

"上拦下排、两岸分滞"防洪工程格局

一调度后,黄河已实现连续25年不断流,为世界江河保护治理提供了"中国范例"。

　　黄河流域资源性缺水的特性并未根本改变,流域水资源开发利用率高达80%,远超一般流域40%的生态警戒线。近年来,天然径流量呈减少趋势,且水资源配置体系仍不完善,遇特枯水年保障黄河不断流的压力巨大。必须立足"水资源短缺"这个流域最大矛盾,把"以水定城、以水定地、以水定人、以水定产"原则贯穿到水资源管理全过程。

　　新征程上,我们要坚持节水优先方针,全方位贯彻"以水定城、以水定地、以水定人、以水定产"的原则,建立健全节水制度政策。精打细算用好水资源。全面深入实施国家节水行动,打好深度节水控水攻坚战,以节约用水扩大发展空间。强化用水总量和强度双控,建立健全全过程用水监管体制机制。充分发挥用水定额的刚性约束和导向作用,挖掘水资源利用的全过程节水潜力。从严从细管好水资源。实施水资源刚性约束制度，强化规划和建设项目水资源论证，坚决抑制不合理用水需求。健全水资源监测体系，严格地下水保护，加快地下水超采治理。完善"两手发力"机制。创新用水权交易措施，推动建立完善用水权市场化交易平台和相关制度。用好财税杠杆，发挥水价机制作用，倒逼提升节水效果。[①]

（六）推动流域生态环境保护治理

习近平总书记强调，黄河是我们的母亲河，保护是前提，要有始有终、锲而不舍地抓好黄河生态保护工作。要坚持正确政绩观，准确把握保护和发展的关系。把大保护作为关键任务，通过打好环境问题整治、深度节水控水、生态保护修复攻坚战，明显改善流域生态面貌。

黄河一直"体弱多病"，生态本底差，资源环境承载能力弱。上游局部地区生态系统退化、水源涵养功能降低；中游水土流失严重，汾河等支流污染问题突出；下游生态流量偏低，一些地方河口湿地萎缩。黄河流域生态保护的成果尚不巩固，任务仍十分艰巨，生态环境脆弱仍然是黄河流域最大问题。

以中国式现代化为指导推动黄河重大国家战略落实，必须进一步增强贯彻生态优先、绿色发展理念的自觉性和坚定性，尊重规律，从维护天然生态系统完整性出发，分区分类推进水生态环境保护修复，坚决守住生态保护红线。在上游，加强水源涵养。在中上游，加强水土保持。在下游，加强生态治理，建设黄河下游绿色生态走廊，推进滩区生态综合整治，加强滩区水生态空间管控，加强河口三角洲生态保护。在全流

---

① 　水利部党组：《为黄河永远造福中华民族而不懈奋斗》，《求是》2022年第4期。

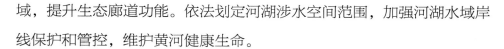

域，提升生态廊道功能。依法划定河湖涉水空间范围，加强河湖水域岸线保护和管控，维护黄河健康生命。

（七）大力保护传承弘扬黄河文化

习近平总书记对宣传思想文化工作作出重要指示强调，坚定文化自信，秉持开放包容，坚持守正创新，为全面建设社会主义现代化国家、全面推进中华民族伟大复兴提供坚强思想保证、强大精神力量、有利文化条件。

大河汤汤，华夏泱泱。黄河文化历史悠久，源远流长，是中华民族的根和魂，蕴含着众多的历史记忆与价值理念，融汇成中华文明的精髓。黄河文化，不仅是黄河保护治理工作的有机构成，更是宣传思想文化工作的重要内容，需要抓住工作核心，保护是基础，传承是关键，弘扬是目的。

新时代赋予了文化工作新使命。特别是习近平文化思想的提出，为进一步做好宣传思想文化工作指明了方向。在黄河文化建设方面要坚持以习近平文化思想为引领，把黄河水文化与水安全、水资源、水生态、水环境统筹考虑、一体推进。不断增进政治认同、思想认同、理论认同、情感认同，切实增强保护传承弘扬黄河文化的责任感和使命感，持之以恒为建设造福人民的"幸福河"提供坚强思想保证、强大精神力量和有利文化条件。要坚定文化自信，保护传承弘扬黄河水文化，着力打造轴向贯通的治黄工程与治黄文化融合展示带，充分发挥黄河流域重要水利工程和治河场点的载体功能，科学融入治河文化、法治文化、廉洁文化等元素，持续塑造黄河文化品牌。深入挖掘黄河文化的时代价值，不断增强黄河水文化的传播力、影响力，全媒体多视角讲好新时代黄河故事。

# 第二章　河南幸福黄河建设理论探讨

河南，简称豫，又称中州、中原。先秦典籍《尚书·禹贡》把天下分为九州，豫州居于九州之中，遂为"天下之中"，因其东半部为广袤的平原，又得"中原"之名。

河南承东启西、通南达北、八方辐辏，其地理位置决定了在全国经济社会中的重要地位，自古以来便是各种商贸活动、水陆交通的枢纽，亦是兵家争夺之地，常有"问鼎中原""逐鹿中原"之事发生。中原地区作为历代政治、经济、文化中心地带的时间长达三千多年，中国古代有八大古都，河南便占其四，且都分布在黄河两岸，分别为十三朝古都洛阳、八朝古都开封、七朝古都安阳、夏商古都郑州。"得中原者得天下"，自古以来，传颂千年。

河南黄河处在黄河中游的下段和下游的上段，黄河中下游分界线就在河南郑州境内的桃花峪，为黄土丘陵与华北大平原的交接处，也是山区峡谷河道向游荡性平原河道过渡的交接点。河南黄河峡谷河段两岸峰峦叠嶂、风光秀美、自然景观奇特；平原河段宽浅散乱，河势游荡多变，泥沙淤积严重，河道高悬于地，为世界著名的

内蒙古托克托河口镇以上称为黄河上游、内蒙古托克托河口镇至河南郑州桃花峪称为黄河中游、桃花峪至渤海湾称为黄河下游。

黄河上中下游分界

"地上河"，也演变成了淮河、海河水系的分水岭。在兰考东坝头，黄河自 1855 年铜瓦厢决口改道后，自西向东折而东北，形成黄河大"几"字形最后一个弯，地理位置甚为特殊。

纵观河南黄河，有峡谷河道、游荡河道、地上悬河、弯曲河道，其地貌景观在全流域各省中最为丰富、最为齐全。从黄河水患灾害记录来看，河南黄河以善淤、善决、善徙闻名于世。黄河历代决溢改道，有三分之二发生在河南，历史灾难深重。黄河下游河道大体上以郑州为顶点，北抵天津，南达江淮，在黄淮海大平原上，形成了广袤的扇形冲积面，塑造了华北地区的地理形态。自然，反映的是黄河地理面貌；社会人文，则是黄河对人类文化的影响。河南是中华民族的重要发祥地，在此产生了蜚声中外的裴李岗文化、仰韶文化、龙山文化，培育了灿烂的商周文化、河洛文化、根亲文化，诞生了一大批文化精英，形成了儒、道、法、兵、墨、名、纵横等诸多流派，产生《诗》《书》《礼》《易》《乐》《春秋》等人类文明轴心时代的特色典籍和元典思想。

治理黄河历来是治国兴邦的大事，河南黄河是历代保护治理的重中之重。在这漫长的时期内，先人们为消除水患灾害，在中原这一抗击洪水的主战场，由实践升华了认识，创造了许多治河方略、治河思路以及传承千年的各种防洪举措。特别是中国共产党领导人民治黄以来，坚持黄河上中下游"一盘棋"，统筹推进各项保护和治理措施，黄河旧貌换新颜，人民治黄事业取得辉煌成就，实现了 70 多年岁岁安澜，中原大地也发生了翻天覆地的变化。

河南黄河既是华北平原的重要生态安全屏障，也是全流域人口活动和经济发展的密集区域，更是黄河文化孕育传承的重要地带，黄河与河南有着亘古不解的渊源、千丝万缕的联系，休戚与共、福祸共依。保护治理黄河，是时代赋予中原儿女的崇高使命，需要一代代人接续奋斗，砥砺前行，携手办好新时代黄河的事情，让黄河成为造福人民的幸福河。

# 第一节　关于幸福河建设的认识

1952年10月，新中国成立之后毛泽东同志第一次离京视察，就查看了黄河治理开发工作。面对母亲河，他嘱咐，"要把黄河的事情办好""不然，我是睡不好觉的"。

2019年9月，习近平总书记发出了"让黄河成为造福人民的幸福河"的号召，这是习近平生态文明思想在黄河流域的生动表达。在引发治黄工作者对黄河保护治理深刻思考的同时，对幸福河内涵的认识也不断深化。从思想内容层面看，"让黄河成为造福人民的幸福河"契合习近平生态文明思想建设美丽中国的目标。黄河流域是华夏民族的摇篮，"让黄河成为造福人民的幸福河"总目标涵盖黄河流域实现生态环境改善、堤防不决口、河道不断流、污染不超标以及河床不抬高等多重目标体系，这些都是美丽中国建设的重要内容。"让黄河成为造福人民的幸福河"符合习近平生态文明思想"坚持人与自然和谐共生、绿水青山就是金山银山、良好生态环境是最普惠的民生福祉、山水林田湖草是生命共同体、用最严格制度最严密法治保护生态环境、共谋全球生态文明建设"的基本原则，"让黄河成为造福人民的幸福河"秉持了"以人民为中心"的执政理念[1]。

---

[1]　张瑞宇：《"让黄河成为造福人民的幸福河"总目标实现的路径构建》，《社科纵横》2021年第6期。

郑州黄河文化公园临河广场

　　习近平总书记在黄河流域生态保护和高质量发展座谈会上的重要讲话发表后，时任水利部党组书记、部长鄂竟平[①]2019年从水安全、水资源、水生态、水环境四个方面阐述了"幸福河"的内涵，认为"对于全国江河而言，要做到防洪保安全、优质水资源、健康水生态、宜居水环境，四个方面一个都不能少"。2020年全国水利工作会议，对"幸福河"的目标作了进一步扩充：必须做到防洪保安全、优质水资源、健康水生态、宜居水环境、先进水文化。谷树忠[②]提出"幸福河湖是指灾害风险较小、供水保障有力、生态环境优良、水事关系和谐的安澜河湖、民生河湖、美丽河湖、和谐河湖"，认为可以从河湖灾害危害、供水保障能力、生态环境质量、河湖水事关系四个方面判别河湖幸福与否。赵建

---

　　① 鄂竟平：《谱写新时代江河保护治理新篇章》，《人民日报》2019年12月5日，第14版。

　　② 谷树忠：《关于建设幸福河湖的若干思考》，《中国水利》2020年第6期。

军[①]指出幸福河湖要满足人的需求，包括人的生态安全需要、经济发展需要、民生福祉需要、文化积淀需要，实现造福于民的目的，进而实现人水和谐共生。王浩[②]指出幸福河是指能够维持自身健康，支撑流域和区域经济社会高质量发展，体现人水和谐，让流域内人民具有安全感、获得感与高满意度的河流，是安澜之河、富饶之河、清洁之河、生态之河、文化之河的集合与统称。因此，当前幸福河指标体系建设需要围绕安全、资源、生态、环境、文化等方面进行构架。陈茂山等[③]将幸福河的内涵要义归纳为：洪水有效防御、供水安全可靠、水生态健康、水环境良好、流域高质量发展、水文化传承六个方面。左其亭等[④]将幸福河定义为造福人民的河流，具体来说，"幸福河"是指河流安全流畅、水资源供需相对平衡、河流生态系统健康，在维持河流生态系统自然结构和功能稳定的基础上，能够持续满足人类社会合理需求、人与河流和谐相处的造福人民的河流。韩宇平等[⑤]认为幸福河要兼具自然属性与社会属性，既要自身健康，又要和谐发展，这样才能真正造福于人民。幸福河研究课题组将"幸福河"定义为能够维持河流自身健康，支撑流域和区域经济社会高质量发展，体现人水和谐，让流域内人民具有高度安全感、获得感与满意度的河流，认为幸福河是安澜之河、富民之河、宜居之河、生态之河、文化之河的集合与统称[⑥]。

---

[①]　赵建军：《建设幸福河湖　实现人水和谐共生》，《中国水利》2020年第6期。

[②]　吕彩霞，韦凤年：《深挖节水潜力　共筑幸福江河——访中国工程院院士王浩》，《中国水利》2020年第6期。

[③]　陈茂山，王建平，乔根平：《关于"幸福河"内涵及评价指标体系的认识与思考》，《水利发展研究》2020年第1期。

[④]　左其亭，郝明辉，姜龙，等：《幸福河评价体系及其应用》，《水科学进展》2021年第1期。

[⑤]　韩宇平，夏帆：《基于需求层次论的幸福河评价》，《南水北调与水利科技（中英文）》2020年第4期。

[⑥]　幸福河研究课题组：《幸福河内涵要义及指标体系探析》，《中国水利》2020年第23期。

目前，对于"幸福河"的概念与内涵尚未形成统一、权威的定义，但"幸福河"研究的核心任务是明确的，即如何正确认识、评价与处理人与河的关系。综合以上学者专家的意见，我们认为"幸福河"的内涵包括河流自身需求的实现以及人类对于河流期待的满足。"幸福河"是能够实现持久水安全、提供优质水资源、营造宜居水环境、维持健康水生态、传承先进水文化，推动流域高质量发展，提高人民生活满意度、认同度与归属感的河流。具体说明如下。

（1）实现持久水安全。洪水是人类长期面临的最大自然威胁，历史上洪水泛滥给沿岸人民群众带来深重灾难，影响社会稳定和经济发展。江河安澜关系人民群众生命财产安全，是幸福的基础。实现持久水安全，就要着眼于保障江河长治久安，加快实施防汛抗旱水利提升工程，完善防洪减灾工程体系，提高江河洪水的监测预报和科学调控水平，全面提升水旱灾害综合防治能力，持续提高沿河两岸人民群众的安全感，为高质量发展保驾护航。这是幸福河的基本保障。

（2）提供优质水资源。提供优质水资源，就是要解决水资源供需矛盾、让水资源为高质量发展服务。深入实施国家节水行动，加强立法和因地制宜出台相关制度政策，加强水价、税价调控。建立刚性约束指标，在用水定额管控、用水总量控制、用水效率控制等方面强化约束，把经济社会活动限定在水资源的承载能力之内。科学调水，优化水资源配置，解决水资源时空分布不均以及各区域各行业用水节水不平衡之间的矛盾。管住用水，严格落实"以水定城、以水定地、以水定人、以水定产"原则，抑制不合理用水需求。为人民提供更多优质的水利公共服务，支撑经济社会高质量发展。这是幸福河的基础功能。

（3）营造宜居水环境。水是生态系统的重要组成部分，是生态文明建设的主阵地。水环境的好坏直接关系人民群众的获得感和幸福感。水环境的营造是一项综合性、系统性工程，涉及河道、岸坡、水面、配套建筑设施以及长效管护机制等多个方面。深入实施碧水工程，持续打好水污染防治攻坚战。坚持污染减排和生态扩容两手发力，严格水功能区监管，创新水污染治理和水环境保护体制机制。严格河湖水域岸线管理保护，开展河流湖泊湿地水生态修复和生物多样性保护，努力实现河畅、水清、岸绿、景美，全面提升人居环境。这是幸福河的良好形象。

（4）维持健康水生态。维持健康水生态是保障河流可持续供给优质、足量水资源的基础，是河流的社会服务价值得到发挥的根本保障，也是人类社会永续发展的必要和重要基础，是最普惠的民生福祉。维持健康水生态，就是要把河流生态系统作为一个有机整体，坚持山水林田湖草沙综合治理、系统治理、源头治理，坚持因地制宜、分类实施，统筹做好水源涵养、水土保持、受损江河湖泊治理等工作，做到还水于河，促进河流生态系统健康，提升河流生态系统质量与稳定性，实现人与自然和谐。这是幸福河的最佳状态。

黄河湿地

（5）传承先进水文化。历代先民在治水过程中产生的水文化，凝聚着中华民族的智慧和创造，是治水历史的精华，是人水关系的反映，是文明进程的载体，是中华民族伟大创造力的历史见证。建设幸福河，需要把水文化建设摆在水利工作重要位置，纳入水利发展总体规划、工程设计、水利建设以及各级水利单位重要议事日程，有序有力推进。要不遗余力弘扬先进水文化，进一步健全水文化研究理论体系，做好水文化宣传推广传播工作，加大水利遗产保护修缮，丰富完善水文化公共产品和服务，培育塑造一批富含特色的水文化品牌，更好地满足人民日益增长的文化生活需要。这是幸福河的最高境界。

（6）推动流域高质量发展。流域高质量发展一方面需要河流为经济社会高质量发展提供基础支撑，夯实防洪除涝和供水保障能力；另一方面需要将水资源作为最大的刚性约束，倒逼经济社会发展转型，走高质量发展路子，让改革发展成果更多更公平惠及全体人民。通过将水资源、水环境作为刚性约束，实现经济社会发展布局与水资源条件相匹配，

俯瞰黄河

以水而定、量水而行，完善水治理体系，提升水治理能力，推动形成绿色发展模式和生活方式，保证流域内人民在发展中有更多获得感，逐步提高人民的满意度，实现人水和谐。这是"幸福河"建设的必由之路。

"幸福河"建设是新时代背景下对治水工作提出的新要求、新目标，是推动流域高质量发展的支撑和保障，也是实现人民美好生活向往的必然要求。在江河保护治理实践中，我们必须准确把握"幸福河"的内涵要义，在厚植人与自然和谐共生理念中向"幸福河"的目标不断靠近。广大水利工作者，唯有奋楫笃行，方可早日实现河流与幸福的完美"汇流"。

## 第二节　河南幸福黄河建设主要内容

所当乘者，势也；不可失者，时也。

千年之忧患的黄河，让历代先贤们夙夜在公、殚精竭虑，耗费一生的心血和汗水，以期换取大河安流。鉴于古代工程技术手段的落后、人力物力的匮乏，黄河"三年两决口，百年一改道"的不利局面一直没有有效改变。人民治黄以来，黄河治理事业焕发了新生，在中国共产党的坚强领导下，经过党政军民的不懈奋战，实现了 70 多年伏秋大汛岁岁安澜。

如今，黄河治理史上迎来了难得的历史机遇。

2019 年，习近平总书记亲自擘画、亲自部署、亲自推动黄河流域生态保护和高质量发展，并将其上升为重大国家战略。黄河保护治理理念发生了跃迁式重大变革，转变为综合治理、系统治理、源头治理，上下游、左右岸、干支流统筹谋划，全流域"一盘棋"的保护治理思想得到真实奠定，揭开了新时代黄河保护治理的新篇章。

在推进中国式现代化建设中，黄河流域是我国重要的生态屏障、重要的经济地带以及乡村振兴的重要区域，具有得天独厚的战略地位，黄河流域生态保护和高质量发展不可或缺。河南黄河，地处黄河下游"豆腐腰"段，有着下游最大的临背悬差、最宽的河道断面、最大的滩区面积、最多的滩区人口，历史上河南黄河频繁决口，洪水灾害最为严重，历来是黄河治理保护的重中之重。河南黄河在中国式现代化建设中机遇与挑战并存。

开封黑岗口黄河河道

河南黄河还肩负着一部分区域责任和使命，为区域经济社会高质量发展提供防洪保安的社会大安全环境。同时，以标准化堤防为主体构建的千里黄河生态廊道，被誉为"水上长城"，捍卫着黄河两岸美丽生态，为河南省最重要的生态廊道之一；以黄河各类防洪工程为依托的治河文化景点、法治文化广场等，连点成线，讲述着黄河故事，为河南省精品研学路线之一；还有，黄河是河南省的最大客水资源，在河南粮食生产核心区、中原经济区、郑州航空港经济综合实验区、郑洛新国家自

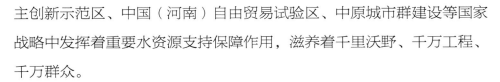

主创新示范区、中国（河南）自由贸易试验区、中原城市群建设等国家战略中发挥着重要水资源支持保障作用，滋养着千里沃野、千万工程、千万群众。

大河润泽中原，发展生生不息。站在新的历史起点上，河南黄河在中国式现代化建设中抢抓机遇、乘势而上，补齐短板、锻好长板，向着建设造福人民的"幸福河"的新的奋斗目标不断进发，奋力书写更加精彩的河南黄河故事。

## 一、河南建设幸福黄河的有利条件

### （一）河南省多元优势

一是地理优势。河南自古就被认为"居天下之中"，使之成为全国举足轻重的铁路、公路、航空、通信和能源枢纽。

二是交通优势。全国第一个"米"字形高铁网已经建成；全省高速公路通车里程 8300 公里以上，实现所有县（市）20 分钟上高速。

三是人口优势。河南约有 1 亿人口，老龄化程度相对较低，发展韧性十足。

四是文化优势。一部中国史，半部在河南。河南历史文化灿烂，人文底蕴深厚。

五是产业供给体系优势。河南粮食生产在全国占有举足轻重的地位；工业门类齐全、体系完备，制造业总量稳居全国第 5 位、中西部地区第 1 位。

六是市场规模优势。全省城镇化率 58.08%，推进空间大。

七是资源优势。河南矿产资源丰富，是全国重要的能源、原材料工业基地。

（二）河南省未来发展定位科学

针对河南独特的区位优势，河南省对未来发展进行精准定位和超前规划，其中在黄河流域生态保护和高质量发展方面着墨很多。《河南省国民经济和社会发展第十四个五年规划和二〇三五年远景目标纲要》明确提出，加快郑州国家中心城市、洛阳中原城市群副中心城市建设，构建都市圈轨道交通网和重点产业带；推动郑（州）洛（阳）西（安）高质量发展合作带建设全面起势；增强郑州国家中心城市龙头带动作用；推进郑州和开封资源要素同筹同用、城市功能聚合互补、产业体系错位布局、公共服务共建共享，打造中原城市群一体化高质量发展引领区；联动建设郑洛西高质量发展合作带；深化晋陕豫黄河金三角区域合作，培育全国高质量发展新的增长极等，都落于黄河两岸。

河南省在落实黄河重大国家战略和践行中国式现代化建设中，必将为新时代河南黄河保护治理工作带来创新性发展性的机遇，也将对黄河防汛保安、水资源供给、水行政管理、滩区综合治理、流域治理管理等提出新的更高的要求。

（三）河南黄河实现岁岁安澜

人民治黄以来，全省党政军民众志成城，顽强拼搏，严密防守，先后战胜 10000 立方米每秒以上洪水 12 次，特别是战胜了 1949 年 12300 立方米每秒、1958 年 22300 立方米每秒、1982 年 15300 立方米每秒的特大洪水和 1996 年异常洪水，取得了 2003 年蔡集抗洪抢险的胜利，打赢了新中国成立以来最严重的黄河秋汛防御战，彻底扭转了历史上频繁决口改道的险恶局面，赢得了 70 多年岁岁安澜，防洪减灾直接经济效益达数千亿元，为黄河下游黄淮海大平原经济社会的稳定持续发展起到了重要的保障作用。

### （四）河南黄河防洪工程体系基本建成

先后 4 次对河南黄（沁）河 800 多公里的堤防进行了大规模的加高培厚和标准化堤防建设，建成了集"防洪保障线、抢险交通线、生态景观线"于一体的标准化堤防体系，全线达到了防御花园口 22000 立方米每秒洪水的设防标准。修建各类险工坝岸及河道护滩工程 283 处、5606 道，开展了游荡型

标准化堤防

河道整治，游荡性河段河势游荡范围由原来的 3～5 公里减小至目前的 1～3 公里，减少了横河、斜河发生的概率。为防御黄河特大洪水，辟设了北金堤滞洪区。在滩区、滞洪区进行了大规模的安全建设，共修建避水台 6200 万平方米、各种撤退道路近 4000 公里，下游主槽过流能力由 1800 立方米每秒提高到 5000 立方米每秒。进入 21 世纪以来，国家进一步加大了河南黄河下游防洪治理的投资力度，"十五"至"十三五"期间，累计投资约 77 亿元，完成土方 2.5 亿立方米、石方 491 万立方米。结合国家在干支流上修建的三门峡、小浪底、故县、陆浑、河口村等水利枢纽工程，河南黄河已基本建成了"上拦下排、两岸分滞"的防洪工程体系。围绕黄河滩区综合治理、"二级悬河"治理、引黄涵闸改扩建及灌区配套建设、河道整治、水利信息化建设等工作领域，前瞻性、系统性地开展基础研究工作，推动实施了新一轮河道整治工程建设[1]。

---

① 河南黄河河务局:《大河安澜——河南黄河治理开发七十年》,黄河水利出版社,2016。

河道工程

（五）黄河水资源开发利用成效显著

自1952年河南省兴建黄河下游第一座引黄灌溉工程人民胜利渠以来，建成大中型引黄灌区26处，各类引黄取水工程71处，设计灌溉面积2362万亩，有效灌溉面积1280万亩，抗旱补源面积893万亩，放淤改土面积172万亩，取得了显著的经济效益、生态效益和社会效益。特别是2018年底，引黄入冀补淀工程建成通水，高标准实现黄河流域向海河流域跨流域、跨地区调水，开始为雄安新区这一重大国家战略的建设和发展提供源源不断的水资源支撑，意义特别重大。另外，实施黄河水

人民胜利渠渠首闸

量统一管理与调度以来，河南黄河实现连续 25 年不断流。据初步统计，新中国成立以来，河南省已累计引用黄河水 1900 多亿立方米，黄河水资源的合理开发利用，为促进中原崛起、河南振兴、富民强省提供了重要的水资源保障[①]。

（六）科技治黄水平得到快速提升

各级围绕防洪保安、工程建设管理、河道治理等重点领域，不断进行科学探索和技术创新，在治河基础研究、应用技术攻关、科技治河实践等方面取得了丰硕成果，为河南黄河保护治理高质量发展提供坚实支撑。"整治中水河槽"应用于实践，并发展成为一套独具特色的游荡型河道整治技术体系；实践中探索出的新材料、新结构、新工艺工程施工和应用技术，迅速改变着堤防工程等结构形式；堤防隐患探测、放淤固堤、截渗墙处理等方面技术取得进展，并全面推广应用；大型机械抢险设备与传统抢险手段相融合，不断丰富优化抢险技术；工程养护工具不断革新，研发应用了一大批新装备新机具，有力促进传统治河向现代治河转变。尤其是大力开展数字孪生黄河建设以来，新一代信息技术与治河业务深度融合，"工程安全动态评价、工情险情监测预警系统、河务通 App、河南黄河四预一体化平台"等应用系统实现全要素、全数据在各系统各平台有机联动，得到实战检验。全面开展"省、

"河务通"App 界面

① 河南黄河河务局:《大河安澜——河南黄河治理开发七十年》,黄河水利出版社,2016。

"智能石头"功能示意图

"智能石头"布设示意图

市、县、班、点"五级"监测、感知、巡查、指挥"四线建设，监测感知点位布局不断优化，扁平化的新型感知网络贯通大河。初步建成"全域智能感知、高速互联互通、统一共享平台、智慧业务应用"数字孪生体系，重组业务数据要素、重塑传统治河流程，有效推进河南黄河保护治理现代化新跃升。

（七）法治建设筑牢治河管河保障

《中华人民共和国黄河保护法》的出台，为深入推进黄河重大国家战略提供了强大的法律保障。河南黄河水法规体系不断健全，相继出台《河南省黄河防汛条例》《河南省黄河工程管理条例》和《河南省黄河河道管理条例》，在《河南省湿地保护条例》中设立了"黄河湿地保护特别规定"专章。河长制框架下的河道管理新局面初步形成，依托河长制平台，构建了"河务＋公检法司"机制和河长制框架下黄河河道管理联防联控联治机制，开展"携手清四乱 保护母亲河""河道采砂专项整治""岸线利用项目专项整治""绿盾行动""黄河行动"等一系列专项整治行动，着力推进河道综合整治，河道水事秩序和水生态环境不断改善。围绕河南黄河治黄中心工作，打造全国首个以带状形式呈现的法治宣传教育基地——河南黄河法治文化带，荣获第二批全国法治宣传教育基地和"全国普法依法治理十大创新案例"。

## 二、河南建设幸福黄河面临的挑战

（一）人民群众对治水目标期待更高

深入推进中国式现代化建设，需要准确把握人民群众对"幸福河湖"的向往与追求。当前，治水矛盾也发生了转变，即人民群众已由对除水害兴水利的基本需求转变为对水资源、水生态、水环境的更高期盼。

习近平总书记关于治水系列重要论述，特别是"节水优先、空间均衡、系统治理、两手发力"治水思路的提出，在战略定位上，强调治水对中华民族生存发展和国家统一兴盛至关重要，要从保障国家长治久安、实现中华民族永续发展的战略高度，重视解决好水安全问题。在发展理念上，强调要坚持生态优先、绿色发展，树立和践行绿水青山就是金山银山的理念，像对待生命一样对待生态环境。在价值取向上，强调要把人民对美好生活的向往作为奋斗目标，明确提出民生为上、治水为要的要求。在思维方式上，强调要用系统论的思想方法看问题，明确水资源、水生态、水环境、水灾害要统筹治理，强调治水要统筹自然生态的各个要素。在发展布局上，强调水利工程建设要通盘考虑，把握好确有需要、生态安全、可以持续的原则；要从保护和修复水生态系统的高度，科学规划、统筹安排、强化质量、有序建设，加快推进水利治理体系和治理能力现代化。

（二）黄河滩区系列民生与发展问题需要解决

河南黄河滩区面积大，人口多。多年来，滩区一直是贫穷落后的代名词，实现脱贫致富和乡村振兴一直是滩区人民群众对美好生活的向往。实现"幸福黄河"建设目标，必须面对滩区百万人口这一严峻现实。

目前，黄河滩区生态文明建设与高质量发展问题主要有以下几个方面：一是滩区群众生命财产安全保障程度依然较低。小浪底水利枢纽和河口村水库建成运行后，黄河下游出现大洪水的概率大幅度降低，但受黄河支流及小浪底水库下泄流量等综合影响，中小洪水出现概率仍然较大，大面积漫滩现象仍会出现。二是滩区产业结构单一，社会经济发展相对滞后，贫困发生率高。长期以来，滩区产业发展严重受阻，经济结构以农业为主，居民收入水平低下，群众脱贫愿望强烈。三是基础设施建设薄弱，人居环境欠佳。因滩区建设条件限制，滩区投入严重不足，难以布局建设较大的基础设施，交通、水利、电力、污水处理等设施薄弱，教育、医疗、文化等社会事业发展滞后，滩区内外经济社会发展差距不断加大。四是生态管控与滩区发展空间需求矛盾较多。黄河滩区内拥有丰富的湿地生态资源，实行了严格的生态管护政策，滩区生态管控与国土空间开发利用存在冲突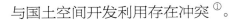。

在贯彻落实黄河重大国家战略，以及推进中国式现代化建设中，需要切实解决好滩区人民群众关心的防洪安全、饮水安全、生态安全等问题。在各类防洪规划编制、生态文明建设以及相关政策制定中，需要兼顾好滩区安全与发展的问题，找到最优解，探索出滩区生态保护、乡村振兴、群众致富和高质量发展的新路径。

（三）黄河流域生态环境现状与绿色发展要求差距较大

习近平总书记指出，我们也要清醒看到，黄河一直体弱多病，水患频繁，当前黄河流域仍存在一些突出困难和问题。究其原因，既有先天不足的客观制约，也有后天失养的人为因素。可以说，这些问题，表象在黄河，根子在流域。

黄河流域生态问题主要有以下几个方面[2]：

一是生态环境脆弱。黄河大部分河道位于干旱半干旱地区，流经的西北、华北是两个严重缺水地区，也是我国生态脆弱区面积最大、脆弱生态类型最多的区域。长期以来，黄河下游生态流量偏低，沿黄仍有不少养殖作业和企业，部分河段仍有污废水排放，水环境状况不容乐观。

当前，协同推进河南黄河保护治理力有不逮，"重在保护、要在治理"机制不健全。河南黄河河道存在多头管理现象，滩区内湿地保护区、水源保护区、鸟类保护区、跨河工程保护区以及基本农田等交叉存在，涉及行业监管的部门较多，管理体制机制不顺畅。有时相关部门片面强调保护区，影响了防洪工程立项建设。现有法律条文上支撑度不够、针对

---

①　苗长虹，等：《黄河保护与发展报告：黄河流域生态保护和高质量发展战略研究》，科学出版社，2021。

②　苗长虹，等：《黄河保护与发展报告：黄河流域生态保护和高质量发展战略研究》，科学出版社，2021。

性和强制性不足，河道内乱堆、乱占、乱采、乱建等"四乱"现象时有发生，需要持续推进综合执法，进一步健全多方管理保护的体制机制。

二是水资源紧张。黄河多年平均天然径流量为 580 亿立方米，仅占全国河川径流总量的 2.1%，居全国七大江河第 4 位，但黄河担负的灌溉面积却占全国的 15%。用水结构中，农业占 66.2%，工业占 14.0%，生活用水占 12.9%，生态环境用水低于 7%。此外，随着经济社会的发展，黄河水资源开发利用率已从 20 世纪 50 年代的 21.4% 增加到当下的 84.2%，远高于国际公认的 40% 的警戒线，且有效利用率不及 40%，水荒问题突出。

河南黄河近年来受河床下切、河势变化等因素影响，引黄涵闸引水能力衰减。下游引黄工程设计引水能力 1376 立方米每秒，在引渠大力清淤的条件下，最大总引水流量仅 371 立方米每秒。2023 年之前，在黄河干流 500 立方米每秒流量下，有三分之一的涵闸引不出水，其他工程引水能力不足设计值的 15%。河南省现有引黄调蓄工程 20 余座，总库容约 3 亿立方米，调蓄能力薄弱，易受黄河来水量和防汛防凌等不确定因素影响。另外，工程性缺水问题较为突出，河南省引黄灌区始建于 20 世纪五六十年代，发展于 70 年代，由于渠道衬砌少、年久失修老化、渠系清淤不到位等原因，农作物得不到及时灌溉。目前，全省引黄有效灌溉面积 1280 万亩，距全面恢复引黄灌区 2362 万亩农田的设计目标任重道远。

三是黄河挟带泥沙多，居世界首位。据测算，黄河上中游平均每年输往下游的泥沙达 16 亿吨，年平均含沙量 37.8 千克每立方米，且 60% 的水量和 80% 的泥沙都集中在每年的汛期。大量泥沙主要淤积在下游河道内，抬高河床，增加了下游防汛压力。

河南黄河河道"悬河"形态突出，且"槽高、滩低、堤根洼"的"二级悬河"发育典型，东坝头至高村河段最为严峻。河南段"悬河"起于郑州桃花峪，止于豫鲁两省交界陶城铺，河段总长度为369公里。其中，左岸存在"悬河"的地市有焦作市11公里、新乡市206公里、濮阳市152公里，"悬河"高差分别为1～2米、2～10米、1～3米；右岸存在"悬河"的地市有郑州市79公里、开封市86公里，"悬河"高差分别为2～5米、5～10米。

（四）河南黄河保护治理还存在诸多短板和不足

一是河南黄河抵御自然灾害防线体系不够完善。黄河水患自有记载以来，对流域民生的不利影响持续了几千年。目前，河南黄河小浪底至花园口之间（简称小花间）仍有1.8万平方公里无工程控制，下游河床平均高出背河地面4～6米。游荡性河段河势未完全控制，横河、斜河时有发生，仍然危及大堤安全。黄河下游两岸大堤是在历代民埝的基础上加高培修而成的，基础条件复杂，堤身土质混杂，历史上决口多，仍有许多险工险段以及险点隐患。

二是防洪非工程措施不健全。河南黄河防汛物资储备体系和专业化抢险队伍尚未形成，防汛抢险新材料、新技术研究应用力度不足，满足不了现代化防汛工作的需求。

三是信息化建设相对滞后。河南黄河战线长、点多面广，信息化基础设施运行年限较久，河道河势、工程数据、防汛抢险等信息采集智能化应用有所欠缺，与黄河战略地位不相匹配。

四是水资源供需关系紧张。受黄河天然来水量减少、河势变化、河道下切、供需水过程不匹配、引黄调蓄工程建设不足等因素影响，缺水与发展的矛盾不断加剧。

五是黄河滩区防洪保安与区域高质量发展矛盾日益突出。滩区仍有百万群众居住，其中43万人居住在新乡封丘倒灌区、8万人居住在焦作温孟滩移民安置区，经济发展长期受到制约。

六是黄河文化保护传承方面需要加大统筹协调力度。突出表现在缺少统一规划和指导，沿黄市（县、区）各自为战，相互之间协调不够、缺少沟通联系，文化工作进展不平衡、资金渠道不通畅。

## 三、河南黄河"五河建设"主要内容及辩证关系

木有本而枝茂，水有源而流长。

中国共产党的领导是人民治黄事业发展的本源和根基。中国特色社会主义事业进入新时代，中国式现代化的巨幕缓缓开启，黄河流域生态保护和高质量发展重大国家战略深入推进，黄河保护治理事业被赋予新的历史使命、目标任务和时代内涵。

河南黄河是黄河保护治理的主战场、黄河文化的发祥地，还是黄河重大国家战略的提出地，处于幸福河建设的潮头浪尖，在黄河流域生态保护和高质量发展中肩负特殊使命和艰巨任务。

习近平总书记关于"让黄河成为造福人民的幸福河"的伟大号召，具有鲜明的时代特征、丰富的思想内涵、深远的战略考量，告诉我们黄河保护治理的定位是事关中华民族伟大复兴和永续发展的千秋大计、黄河保护治理的使命是为人民谋幸福，告诉我们黄河保护治理的主要矛盾发生了重大变化，实现"幸福河"目标是贯穿新时代黄河保护治理的一条主线。"重在保护"就是要积极践行绿水青山就是金山银山的理念，"要在治理"就是在黄河保护治理中抓住"调整人的行为、纠正人的错误行为"这一关键。"共同抓好大保护，协同推进大治理"就是要加快

把工作重心转变到"节水优先、空间均衡、系统治理、两手发力"治水思路上来，大力推进黄河流域保护治理，确保大堤不决口、河道不断流、水质不超标、河床不抬高，推动黄河流域生态保护和高质量发展行稳致远，让黄河成为造福人民的幸福河。

时代是出卷人，我们是答卷人，人民是阅卷人。

习近平总书记关于治水特别是黄河保护治理重要讲话发表后，河南黄河河务局党组充分发挥表率作用，紧紧围绕习近平总书记系列重要讲话精神从不同层面开展专题学习研讨、召开专题会议安排推进。结合"不忘初心、牢记使命"主题教育、党史学习教育、习近平新时代中国特色社会主义思想主题教育，组织召开贯彻落实习近平总书记重要讲话精神重大问题专题研讨会、专家座谈会，深入治黄一线开展调查研究，又在认真对接《黄河流域生态保护和高质量发展规划纲要》以及河南省委"两个确保""十大战略"基础上，梳理出新时期河南黄河保护治理工作思路和目标，即坚持以习近平新时代中国特色社会主义思想为指引，完整准确全面贯彻新发展理念，积极践行"节水优先、空间均衡、系统治理、两手发力"治水思路和规划纲要重点任务，着力抓好"安澜黄河、生态黄河、美丽黄河、富民黄河、文化黄河"建设，全面提升新时代河南黄河保护治理体系与保护治理能力现代化水平，努力在"让黄河成为造福人民的幸福河"新征程中树好"河南标杆"，在推进中国式现代化建设中贡献出河南黄河力量。

（一）河南黄河保护治理"1562"发展格局

锚定幸福河建设目标，立足新发展阶段，贯彻新发展理念，明确当前和今后一个时期河南黄河保护治理工作的总体思路、目标任务和举措，着力构建河南黄河保护治理"1562"发展格局，即"围绕一条主线，推进五河建设，强化六项举措，实现两个提升"。

围绕"一条主线"，扛稳河南黄河保护治理新使命：坚持以习近平新时代中国特色社会主义思想为指引，深入贯彻"节水优先、空间均衡、系统治理、两手发力"治水思路和规划纲要重点任务，积极践行水利部、黄河水利委员会（简称黄委）工作部署，着力推进河南河段"安澜黄河、生态黄河、美丽黄河、富民黄河、文化黄河"建设和高质量发展，努力在"让黄河成为造福人民的幸福河"的新征程中树好"河南标杆"，为中国式现代化建设贡献河南黄河力量。

推进"五河建设"，落实河南黄河保护治理新任务：

着力抓好"安澜黄河"建设。坚持人民至上、生命至上，锚定"人员不伤亡、水库不垮坝、重要堤防不决口、重要基础设施不受冲击"的"四不"目标，强化预报、预警、预演、预案"四预"举措，加快完善河南黄（沁）河现代化防洪工程体系，补齐防洪工程短板。加快实施河道整治，不断完善控导工程布局，控制游荡性河势，塑造稳定主槽，减

台前孙楼控导工程

缓河道淤积。进一步理顺防汛体制机制，全面落实以行政首长负责制为核心的各项防汛责任制，搭建"工防＋人防＋技防＋物防"机制，不断提升各级领导干部、专业队伍和群防队伍等的防洪应对能力，实现持久水安全。

*着力抓好"生态黄河"建设。*坚持"以水定城、以水定地、以水定人、以水定产"，强化水资源刚性约束，不断优化水资源配置，提升水资源承载能力，保障水资源消耗总量和强度双控达标，确保河道不断流。落实最严格水资源管理制度，健全河南黄河流域水资源监测体系，以河南黄河干支流重要断面、重点取水口为主要监测对象，实现全覆盖、可计量，落实生态优先、还水于河，维护黄河生态系统健康，实现健康水生态。

*着力抓好"美丽黄河"建设。*坚持强监管，依托河长制平台，不断完善联防联控联治机制，纵深推进河道"清四乱"常态化、规范化，实现人与自然和谐共生，打造河畅、水净、岸绿、景美的宜居水环境。以黄河工程为主体，加强水利风景区建设，加大植树绿化力度，加快推进沿黄复合型生态廊道建设，打造"美丽幸福黄河名片"。

*着力抓好"富民黄河"建设。*坚持因地制宜、分类施策，强力推动重要引黄设施改建、灌区现代化改造和重大水资源配置工程建设，进一步提升水资源保障能力和节约集约利用效率，为地方经济社会高质量发展提供优质水资源。支持地方政府加快滩区居民迁建步伐，开展滩区综合治理试点，不断推进滩区乡村振兴和经济社会高质量发展。

*着力抓好"文化黄河"建设。*坚定文化自信，加强河南黄河水文化遗产保护，成立研究中心，进一步挖掘、整合文化资源，推出一批优秀的河南黄河文化典籍，树立文化品牌。围绕弘扬先进水文化，加快推进黄河工程与黄河文化有机融合示范点建设，高水平建设河南黄河水利

基层党建示范带、法治文化带、廉洁文化带等特色文化片区，讲好河南黄河保护治理故事。

强化"六项举措"，保障河南黄河保护治理新开局：

强化党的领导。坚持政治引领，深刻学习贯彻习近平总书记关于治水特别是黄河保护治理重要论述、指示批示精神，主动对接各方，理思路、抓落实，实施"四项机制"（强化对

焦作孟州黄河文化苑

贯彻落实工作的组织领导，实行统筹协调机制、清单管理机制、跟踪督查机制、考核奖惩机制），确保各项重点任务落实落地见效。

强化顶层设计。制定规划纲要实施方案和"十四五"规划、中长期规划，推行"四步联动"（在重大项目推动上，坚持谋划一批、研究一批、立项一批、建设一批四步联动，保持重大项目不断档、接得上、有序推进），按近、中、远期压茬推进引黄涵闸改建、黄河下游"十四五"防洪工程建设、防洪工程安全监控、贯孟堤扩建、温孟滩防护堤加固、滩区综合治理、张庄入黄闸改建、桃花峪洪水控制工程等重大项目前期工作，有序补齐短板。

强化依法治河。不断完善《中华人民共和国黄河保护法》配套法规制度建设，规范涉水许可审批，强化涉河监管，落实"四法衔接"（坚持科学立法、严格执法、公正司法、全民守法相衔接，为河南黄河保护治理创造良好法治环境），深化流域区域合作，维护良好水事秩序。

强化科技创新。加强基础研究和创新驱动，建设"创新平台"（建立河南省黄河保护治理工程技术研究中心、河南省水资源保护设备工程技术研究中心、河南省水下混凝土修复工程技术研究中心、河南省水利施工技术中心、河南黄河生态修复工程技术研究中心、水利部科技推广中心输（供）水工程除藻拦污综合技术推广基地、河南黄河技能创新工作室、河南智慧黄河研究院等技术创新体系平台），为河南黄河保护治理提供技术支撑，探索开展"幸福河创新示范区"建设，推进堤防防护、河道疏浚、生态修复、泥沙利用试点，构建"智慧+"信息化体系，提升"科技治河"支撑能力。

强化经济保障。充分发挥资源、技术和管理优势，打好"四张牌"（以结构优化升级为主导打好水沙资源优势产业牌；以科技创新驱动发展为主导打好咨询设计制造技术产业牌；以强化工程管护基层基础工作为主导打好土地利用产业牌；以提高市场竞争力为主导打好施工养护监理产业牌），加快推进深度融入战略、服务战略，构建富有活力的经济高质量发展保障体系。

强化规范管理。深化体制机制改革，规范项目、资金管理，构建科学、廉洁、高效的管理体系。加强队伍建设，建立"四个严管"制度体系（加强队伍建设，建立管思想、管工作、管作风、管纪律的全方位从严管理制度体系），推动全面从严治党向纵深发展，营造风清气正、干事创业的良好氛围。

实现"两个提升"，谱写河南黄河保护治理新篇章：全面提升新时代河南黄河保护治理体系与保护治理能力现代化水平，全面提升河务部门建设自身幸福和谐美好单位的能力和水平，为黄河流域生态保护和高质量发展重大国家战略贡献"河南黄河力量"。

"围绕一条主线，推进五河建设"从宏观上确立了河南黄河保护治理工作的未来，特别是"十四五"发展的总体目标和任务，"强化六项举措，实现两个提升"具体地提出了工作要求和保障措施。"围绕一条主线，推进五河建设"和"强化六项举措，实现两个提升"有机统一，共同构筑起河南黄河保护治理发展格局。

（二）河南黄河"五河建设"辩证统一性

黄河保护治理关乎中华民族伟大复兴，是中国共产党人要加快步伐办好的大事。"幸福河"是新的治河理念，实现这一目标是一个长期而艰巨的历史任务，其主要指标就是体现在持久水安全、优质水资源、健康水生态、宜居水环境、先进水文化，一个也不能少，都要有新提升。

黄河之险，险在河南。黄河河南段是下游治理的重中之重。河南黄河围绕"幸福河"建设主要指标，提出了统一于"幸福河"建设总体目标之中的"安澜黄河、生态黄河、美丽黄河、富民黄河、文化黄河"建设框架。这"五河建设"作为未来河南段"幸福河"建设至关重要的五大任务，既相互渗透、相互依存，又独擎一面、缺一不可。其中，安澜黄河是基本保障，生态黄河是基础功能，美丽黄河是优良状态，富民黄河是发展需要，文化黄河是精神源泉。

历史上黄河洪水泛滥成灾、破坏性巨大，曾给沿岸人民群众生命财产带来深重灾难。洪水所到之处，轻则一片汪洋，影响经济社会发展，造成生态灾害；重则生灵涂炭，改变国家发展和人类社会文明进程。河南黄河由于大部分处于黄河"豆腐腰"河段，河道高悬地上，滩区面积最大、人口最多，历史灾害最重，防汛任务最艰巨。确保黄河安澜是河南省的首要责任，没有安澜黄河，生态黄河、美丽黄河、富民黄河、文化黄河等一切都无从谈起。因此，安澜黄河是幸福河最基础、最基本的保障。

水是生命之源、生产之要、生态之基，维护良好的黄河水生态既是中华民族永续发展的重要基础，也是最普惠的民生福祉。长期以来，维护与修复健康水生态，保持河流生态系统健康，提升河流生态系统质量与稳定性，着力推进"生态黄河"建设，实现人与自然和谐，是幸福河的基础功能。

宜居水环境是美丽黄河的表征，水环境质量是影响人居环境与生活品质的重要因素。建设宜居水环境，既要保护与改善自然河流的水环境质量，也要全面提升与百姓日常生产生活休戚相关的城乡水体环境质量，实现河畅、水净、岸绿、景美，让人民群众生活得更方便、更舒心、更美好。美丽黄河就是在安澜黄河、生态黄河基础上的升华，需要多方融合，汇聚多方合力，共同构建"幸福河"的优良状态。

水利是国民经济的命脉。提供优质黄河水资源，让老百姓喝上干净卫生的放心水，让农业灌溉浇上适时适量的可靠水，让第二、第三产业用上合格稳定的满意水，为人民提供更多优质的水利公共服务，持续支撑区域经济社会高质量发展，让沿黄群众过上富裕美满的幸福日子，是"幸福河"的客观发展需要，更是建设幸福黄河的重要意义。

文化是民族的血脉，是人民的精神家园，是幸福生活的源泉。在长期的治黄实践中，中原儿女不仅创造了巨大的物质财富，也创造了宝贵的精神财富，形成了独特而丰富的河南黄河水文化，成为中华文化和民族精神的重要组成部分。先进水文化是文化黄河的表征，推进先进水文化，传承好历史水文化并丰富现代水文化内涵，更好地满足人民日益增长的文化生活需要，这是"幸福河"的精神源泉。

让黄河成为造福人民的幸福河，是当前和今后一个时期河南黄河

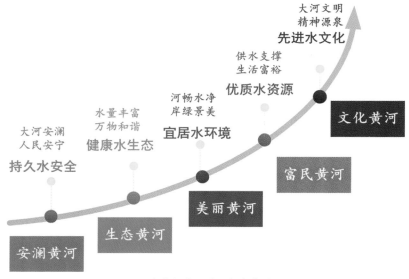

河南幸福黄河建设框架体系

保护治理工作的总体目标，着力推进"安澜黄河、生态黄河、美丽黄河、富民黄河、文化黄河"建设，一切思想和实践最终都要统一到幸福河建设这个总体目标上来。

面对新征程、新任务、新使命，作为河南黄河的代言方，河南黄河河务局党组牢记习近平总书记的殷殷嘱托，坚持谋划长远和干在当下相统一，立足主责主业，进行了黄河保护治理理论探索，推动大量有针对性、建设性、前瞻性的生动实践。河南黄河保护治理"五河建设"框架，由实践—理论—实践，循环往复，辩证扬弃。其间，河南黄河河务局党组"操其要于上"，狠抓治河理论探索，坚持问题导向和目标导向相统一，强化结果思维，科学研判新形势、新任务、新挑战，把握新发展阶段，贯彻新发展理念，融入新发展格局，对当前和今后一个时期河南黄河保护治理工作进行认真探索，深入各个层面进行具体指导；局属各级单位和重点业务部门"承其详于下"，牢记初心使命，层层扛牢政治责任，同心同德，群策群力，以明晰的任务、具体的目标、扎实的举措，开展了丰富多彩的黄河保护治理实践，统筹推进"五河建设"，取得了丰硕的成果，为保障河南黄河长治久安，为中国式现代化建设提供防洪安全的坚强保障。

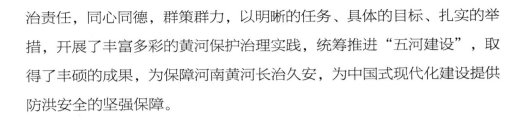

## 第三节　河南幸福黄河建设支撑力量

凡事预则立，不预则废。

深入推进黄河流域生态保护和高质量发展重大国家战略落地落实是当前和今后一个时期的重大任务，也是拟定黄河保护治理思路、制定发展规划以及开展防洪工程建设、水资源调度、河湖岸线保护、治黄文化资源挖掘传承等工作的重要依据。

幸福黄河建设是全面的、系统的、开放的，是数千年来黄河保护治理的一个里程碑，也是一场治河理念与治河方略的深刻变革。在推进社会主义现代化建设的新征程中，"幸福黄河"建设过程必然涉及上下游、左右岸、干支流以及水利、生态环保、自然资源、文体旅游、科技、司法等多领域、多方面，是一个系统工程。既需要我们提升"内在动力"，破除陈旧运行机制和相关制度的约束，建立和完善相应的法律法规、实施细则以及配套性政策，以适应新的黄河保护治理目标任务；也需要我们广泛"聚集合力"，跳出流域看流域、跳出黄河看黄河、跳出河南看河南，以"国之大者"的站位和开放包容的胸怀，构建一套牢固可靠、运转有序的"黄河＋"支撑保障体系，建设新机制，塑造新动能，推进新发展。

## 一、"四梁八柱"的构想与搭建

何谓"四梁八柱"？在建筑学上是指支撑性的结构，来源于中国古代传统的一种建筑结构，靠四根梁和八根柱子支撑着整个建筑，四梁、八柱代表了建筑的主要结构。"四梁八柱"论，是以习近平同志为核心的党中央提出的一种改革思维、改革方法论。"四梁八柱"是形象的比喻，强调我们的改革要有一个基本的主体的框架。同理，推进幸福黄河建设的河南实践，也需要认真结合和准确把握省情、社情、民情、河情，抓好党的统一领导、顶层设计、依法管理、科技创新、经济保障、规范管理等关键举措，搭建起推进河南幸福黄河建设的"四梁八柱"。

### （一）强化党的统一领导

黄河保护治理关乎中华民族伟大复兴，是中国共产党人要加快步伐办好的大事。深入推进黄河重大国家战略落实落地，需要深学细悟习近平总书记重要讲话，以对历史、对人民、对子孙后代高度负责的态度，用心用情领会黄河保护治理这一千秋大计的千钧分量，扛牢政治责任和担负历史使命，坚持以习近平新时代中国特色社会主义思想为指导，进一步加强党对黄河流域生态保护和高质量发展工作的领导，始终保持正确的政治方向，发挥好党总揽全局、协调各方的领导核心作用，带领广大干部职工和人民群众不懈奋斗，不折不扣地把党和国家重大决策部署贯彻好落实好。

一是牢记初心使命。提高政治站位，进一步增强"四个意识"，坚定"四个自信"，做到"两个维护"，不断提高政治判断力、政治领悟力、政治执行力，坚决贯彻落实好黄河保护治理的重大任务，全力推动新阶段河南黄河保护治理高质量发展，以落实黄河重大国家战略的实际成效，忠诚捍卫"两个确立"。

二是强化党的政治建设。党是最高政治领导力量，党的领导是中国特色社会主义最本质的特征，是中国特色社会主义制度的最大优势。要把党的政治建设融入党和国家重大决策部署落实的全过程，做到党的政治建设与各项业务工作特别是幸福黄河建设工作紧密结合、相互促进。必须坚持和加强党的全面领导，持续擦亮党建品牌，不断提高各级组织和党员干部的政治能力和政治本领。

三是加强宣传引领。利用常规媒体和新媒体，广泛宣传幸福黄河建设的重大意义、重要部署，大力宣传其中蕴含的生态优先、绿色发展理念以及以人民为中心的发展理念，营造全社会积极支持幸福黄河建设的良好氛围。积极调动社会各界的主动性、创造性，总结推广各地的好做法、好经验，聚集起各方携手共建的合力。

四是强化统筹协调。牢固树立"一盘棋"的思想，坚持中央统筹、省负总责、市县落实的原则，发挥省、市、县各级领导组织的作用，完善工作机制，推动沿黄各地市履行主体责任，加强规划编制、方案制订、项目建设、解决问题等各环节工作，适时开展情况督查和成效评估，确保幸福黄河建设取得持续进展。

（二）强化顶层规划设计

突出规划引领，要坚持问题导向、目标导向和结果导向相结合，站位全局、统筹谋划，做好河南黄河流域保护治理开发的顶层设计，逐步丰富和完善河南黄河生态保护和高质量发展规划体系。

一是强化深度对接。主动对接国家战略、对接规划纲要、对接"十四五""十五五"发展需求，河南省委、省政府抓总制定省级发展规划，明确发展目标、细化实施方案。黄河河务等专业部门进一步完善河南黄河生态保护和高质量发展规划体系。强化基础研究，推进重点技术试点，助力河南黄河生态保护和高质量发展。

二是完成河南黄河保护治理中长期规划编制。包括黄河流域防洪规划修编、河道和滩区治理、水资源合理配置及高效利用、水生态治理修复与保护、防汛抢险能力建设、泥沙资源利用、治黄科技与信息化、综合管理能力提升、治黄文化保护与传承等专项规划。

三是开展黄河下游河道及滩区综合提升治理工程规划。结合中水整治工程适应性及调整布局研究、小水河道整治研究、畸形河势治理措施研究，进一步完善河道整治工程体系；优化完善河南黄河滩区剩余居民的安置方案，探索提出河南黄河滩区综合提升建设方案，促进实现滩区高质量发展。

四是开展黄河下游水生态治理修复与保护规划。结合目前黄河下游水生态治理现状和存在的问题，明确水生态治理修复与保护的原则，提出水生态治理修复与保护相关措施。根据黄委统一安排，在配合完成黄河流域规划修编时，拿出河南幸福黄河建设方案，发出河南黄河声音。

五是推进重大项目建设。持续完善防洪工程体系，坚持"四步联动"，积极推动贯孟堤扩建、温孟滩防护堤加固、桃花峪洪水控制工程等重大项目前期工作；按近、中、远期压茬推进黄河下游引黄涵闸改建工程（河南段）、黄河下游"十四五"防洪工程（河南段）建设，强化质量"飞检"，打造经得起实践和历史检验的工程。

（三）强化依法治河管河

加强科学立法，构建完备的治河管河法律规范体系，实现覆盖全面、相互配套、有机衔接。加强执法能力建设，构建高效的治河管河法治实施体系，做到有法必依、执法必严、违法必究。实行最严格的执法监管，构建严密的治河管河法治监督体系，做到权责法定、程序正当、公开透明。完善联合执法机制，构建有力的治河管河法治保障体系，做到责任明确、措施到位、齐抓共管。

一是完善黄河法规体系建设。抓好《中华人民共和国黄河保护法》《河南省黄河防汛条例》《河南省黄河工程管理条例》《河南省黄河河道管理条例》《河南省湿地保护条例》等已出台的涉河法律法规贯彻落实，做好《河南省实施〈中华人民共和国黄河保护法〉办法》立法有关工作推动颁布实施。

二是强化河道空间管控。依法划定黄（沁）河河道管理范围；督促加快水域岸线利用规划编制，明确河道各区域的功能定位、主要用途，强化河道空间管控与保护；正确处理好治理保护与高效利用的关系，规划纲要安排的重大项目占压范围调出自然保护地和生态保护红线；强化河道水体健康管理，组织修订"一河一策""一河一档"，更新完善问题、目标、任务、措施、责任"五个清单"，开展黄（沁）河健康评价工作，协同推进黄河干、支流示范河湖建设。

三是规范河湖执法监管秩序。常态化规范化推进黄河"清四乱"专项行动，坚决遏制新增涉河违建、侵占河道等重大违法违规问题，清除存量，防止已整治问题反弹、同类问题在同一河段（湖片）反复出现，遏制增量，进一步规范水事秩序。

四是健全联防联控联合执法机制。贯彻落实河长制框架下的河南黄河河道管理联防联控机制，构建黄河河务与自然资源、生态环境、农业农村、交通运输等多部门参与的联防联控机制和联合执法制度，召开联络会议，将联防联控、联合执法要求落到实处。构建黄河河务与公安、检察院、法院"行刑衔接"协作机制，逐步建立信息共享机制、线索案

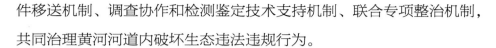

件移送机制、调查协作和检测鉴定技术支持机制、联合专项整治机制，共同治理黄河河道内破坏生态违法违规行为。

（四）强化科技信息化支撑

做好《国家智能水网工程建设（河南黄河）》《河南智慧黄河工程》等中长期规划实施工作。聚焦防洪抢险、河道综合治理、水资源节约集约利用等黄河保护治理中心工作，加强重大问题和关键技术攻关，探索产学研合同协作创新模式，加快先进适用成果的推广转化，为河南黄河保护治理高质量发展提供坚实科技支撑。

一是建设河南黄河科技创新平台。省级层面，着力打造高能级创新平台，创建和完善黄河实验室、嵩山实验室。河南黄河层面，围绕黄河保护治理主业，组建和充分发挥河南省黄河保护治理工程技术研究中心、河南省水资源保护设备工程技术研究中心、河南省水下混凝土修复工程技术研究中心、河南省水利施工技术中心、水利部科技推广中心输（供）水工程除藻拦污综合技术推广基地等示范引领作用，持续打造河南黄河技能创新工作室、河南黄河生态修复工程技术研究中心、河南智慧黄河研究院等科技创新平台，形成强有力的科技支撑体系。

二是开展重点领域项目研究。坚持以创新为核心的发展理念，积极融入国家、流域科技发展布局，着力补齐治黄科技短板。坚持问题导向、需求牵引，充分把握河南黄河新阶段、新特征，立足实际业务需要，谋划布局具有引领性、支撑性、示范性的科研项目。深化研发以"智能石头""半潜式智慧测艇""标准计量""泥沙淤积管控"为代表的标志性产品、技术、装备，为科技治河提供有力支撑。

三是推动科技成果推广转化。坚持"产学研"相结合模式，加强与高等院校、科研院所和企业等合作，建立深层合作机制，深化在科技创新、成果转化、人才培养、资源共享等领域的合作，实现科技成果"研究—制造—应用—推广"全链条高效发展，促进新技术、新装备、新产品的推广应用。推进企业开展科技创新工作，申报高新技术企业和省部级创新中心、研发基地、推广基地，培育企业创新主体。

四是加强信息基础设施建设。持续推进"省、市、县、班、点"五级"监测、感知、巡查、指挥"四线全覆盖建设，加快构建"天空地河工"一体化信息实时感知网络。加强大数据、人工智能、云计算、物联网等新一代信息技术融合应用，不断完善"全域智能感知、高速互联互通、统一共享平台、智慧业务应用"的数字孪生黄河体系，提升河南黄河保护治理数字化、网络化、智能化能力。

五是推进智慧应用体系建设。推动新质生产力在黄河保护治理工作的融合创新应用与发展，构建"豫黄安澜、豫黄建设、豫黄河湖、豫黄安全、豫黄水资源、豫黄运管"等数字孪生品牌矩阵，对业务进行全方位、全链条、全领域的"数智化"改造，优化加速全要素全数据在各系统各平台的有机联动，驱动河南黄河保护治理体系和治理能力的数字化转型，实现数据贯通共享共用，提高水旱灾害防御、水资源节约集约利用、水工程建设与安全运行管理、水行政管理等方面的信息化水平。

（五）强化多元化经济保障

强化资金保障力度，统筹用好中央预算内投资、中央财政专项奖补、省财政专项资金、地方政府债券等各类资金，巩固财政经费支撑的基本盘。按照"谁受益、谁投资"和事权与财权相匹配的原则，落实好各级政府对黄河防汛、河长制、河道管理、沿黄生态建设、黄河文化保护传承弘扬等方面的经费支持，全面提高经费保障能力。

一是用好财政主渠道资金。积极争取中央纵向转移支付资金和专项奖补资金，优先支持生态保护有力、转型发展成效好的地区和生态功能重要、公共服务短板较多的地区。

二是探索建立生态补偿赔偿制度。以黄河干流和重要支流的上下游、引调水工程受水区或受益方与水源地之间为重点，探索建立以水资源贡献、水质改善、节约用水等为主要指标的横向生态补偿机制。在沿黄重点生态功能区实施生态综合补偿试点，探索开展自然资源资产核算，开展生态产品价值实现机制试点示范，推进绿水青山就是金山银山实践创新基地建设。建立健全资源开发补偿、水权交易、排污权交易、碳排放权交易等制度，完善生态环境损害赔偿制度。

三是加大市场化改革力度。深化"放管服"改革，全面借鉴复制先进经验做法，深入推进"最多跑一次"改革，打造高效便捷的政务服务环境。支持国有企业改革各类试点在黄河流域先行先试。探索特许经营方式，引入合格市场主体对有条件的支流河段实施生态建设和环境保护。加强黄河流域要素市场一体化建设，推进土地、能源等要素市场化改革，完善要素价格形成机制，提高资源配置效率。

（六）强化规范统一管理

深入学习贯彻习近平总书记重要讲话精神，统筹推进幸福黄河建设的河南实践，围绕解决黄河流域存在的矛盾和问题，沿黄各地各级开展了大量工作，进一步健全和完善了各项保护治理机制，助力高质量发展，不断取得新进步。但工作中还存在一些问题和不足，与"共同抓好大保护，协同推进大治理"的要求相比还有很大差距，需要统一规范管理，加强协作配合，上下联动，齐抓共管，切实筑牢黄河流域生态保护和高质量发展的根基。

一是强化流域治理管理。坚持以习近平新时代中国特色社会主义思想为指导，对标对表习近平总书记关于治水特别是黄河流域生态保护和高质量发展系列重要讲话、指示批示精神，深入贯彻落实"节水优先、空间均衡、系统治理、两手发力"治水思路，以"共同抓好大保护，协同推进大治理"为主线，按照水利部统一规划、统一治理、统一调度、统一管理的部署和黄委安排，结合河南黄河实际，强化流域治理管理，统筹规划实施各项措施，全面提升新阶段河南黄河保护治理能力与水平。

二是发挥监督考核作用。按照"四统一"要求，对流域范围内的防洪、水资源管理、河湖管理、工程建设和运行等涉水重点工作领域实施高效监管。按照黄委统一安排，对河南黄河流域内防洪减灾、水资源管理、河湖管理、工程建设和运行管理等事项开展督查考核，及时跟踪问题整改。同时，河南黄河流域范围内相关水利部门要加强沟通联系，适时开展有针对性的联合督导检查。

三是统筹推进水利监督协调机制。建立健全河南黄河水利监督工作领导小组，构建"综合监管、专业监管"相互结合的水利监管体系，依法依规开展水利监督。全面推行《水利工程运行管理监督检查办法（试行）》《水利资金监督检查办法（试行）》《水利工程建设质量与安全生产监督检查办法（试行）》等水利部专业督查办法的实施。实行清单式监管，以标准化推动监督检查规范化，以水利监督工作水平和成效助推河南黄河生态保护和高质量发展。

## 二、幸福黄河建设把握好几种关系

新时代新征程，党和国家坚持以中国式现代化推进强国建设和民族复兴，这是一个巨大的系统工程。幸福黄河建设是其中的重要内容之一，需要统筹兼顾、系统谋划、整体推进，正确处理和准确把握好全局和局部、当前和长远、发展和安全、守正和创新等一系列关系。

（一）坚持胸怀天下，把握好全局和局部的关系

习近平总书记强调，"中国式现代化是全体人民共同富裕的现代化。""把握好全局和局部关系，增强一盘棋意识，在重大问题上以全局利益为重。"把握好全局和局部，是实现河南黄河保护治理现代化的核心要义和本质需求。我们要在推动河南黄河保护治理高质量发展中站位"国之大者"，跳出"黄河"看"黄河"，善于从整体上、全局上认识问题，自觉摒弃孤立、片面、静止的观点，学会在普遍联系中处理具体问题。一方面，要因地制宜、分类施策，尊重局部利益，提高管理和工程措施的针对性、有效性，分区分类推进保护和治理；另一方面，要统筹谋划上下游、左右岸、干支流的保护和治理，系统推进堤防建设、河道整治、滩区治理、生态修复等重大工程，建立健全统分结合、协同联动的工作机制。最终推进治水治沙治滩相统筹、防洪抗旱减灾相结合、综合治理与预防保护相促进，实现从局部治理向系统治理转变，粗放用水向精细节水转变，从供水管理向需水管理转变，从注重行政推动向两手发力转变，凝聚沿黄各地各方协同推进黄河保护治理的强大合力，统筹解决河南黄河水灾害、水资源、水环境、水生态问题，努力在中国式现代化建设中作出河南黄河的贡献。

（二）坚持未雨绸缪，统筹好当前和长远的关系

当前发展是长远发展的基石，长远发展是当前发展的延续。党的二十大报告指出：中国式现代化是人与自然和谐共生的现代化。人与自然是生命共同体，无止境地向自然索取甚至破坏自然必然会遭到大自然的报复。我们坚持可持续发展，坚持节约优先、保护优先、自然恢复为主的方针，像保护眼睛一样保护自然和生态环境，坚定不移走生产发展、

生活富裕、生态良好的文明发展道路，实现中华民族永续发展。习近平总书记强调，落实党的二十大确定的各项目标任务，既要狠抓当前，又要着眼长远，多办打基础、利长远的事。

统筹好当前和长远，是实现河南黄河保护治理现代化的现实需要和未来方向。深入推动河南黄河保护治理高质量发展，必须坚持用全面、辩证、长远的眼光看问题，把历史、现实、未来贯通起来审视，把近期、中期、远期目标统筹起来谋划，防范潜在风险、主动把握机遇、积极应对挑战，既要立足当下，一步一个脚印解决具体问题，积小胜为大胜；又要放眼长远，克服急功近利、急于求成的思想。在做好当下加快防洪工程体系建设、推进水资源节约集约安全利用、加强水生态环境保护、保障河南黄河长治久安等年度、日常重点工作的同时，还要遵循自然规律、经济规律、社会发展规律，针对河南黄河保护治理中存在的河道管理与滩区发展矛盾突出、协同推进河道和滩区综合治理的合力有待加强、基层基础薄弱等问题，以服务黄河重大国家战略为中心，加快开展治黄方略研究；以全面贯彻实施黄河保护法为核心，加快推进依法治河战略；以河南黄河流域区域高质量发展为目标，加快完善协同会商机制；以"三基四化"建设为抓手，加快打造新时代强基固本工程，为新阶段河南黄河保护治理工作筑牢高质量发展的长远根基。

（三）坚持系统观念，处理好发展和安全的关系

在党的二十大报告中，习近平总书记从不同领域多次强调要统筹发展和安全，明确提出必须增强忧患意识，坚持底线思维，做到居安思危，准备经受风高浪急甚至惊涛骇浪的重大考验。

安全是发展的前提，发展是安全的保障。水安全是基础性、长远性问题，是实现河南黄河保护治理现代化的基本要求和成败关键。河南

黄河位于黄河流域的要冲之地，是落实黄河重大国家战略的最前沿，必须充分认识水利在重大基础设施安全保障、防灾减灾和保障人民群众生命财产安全、经济安全、能源安全、生态安全中的重要责任，以"时时放心不下"的责任感，坚定不移贯彻总体国家安全观，统筹各类要素、各方资源、各种手段，切实做到守土有责、守土负责、守土尽责，全面提升国家水安全保障能力。

高水平统筹发展和安全至关重要。必须始终保持高度警惕，在充分考虑地方经济社会发展实际需求的同时，把困难估计得更充分一些，把风险查找得更深入一些，把行动方案制订得更周密一些，深入分析致险要素、承险要素、防险要素，做好应对超预期因素冲击的万全准备，下好先手棋、打好主动仗，牢牢守住河南黄河保护治理高质量发展安全底线，让高水平安全和高质量发展良性互动，不断增强沿黄人民群众的获得感、幸福感和安全感。

（四）坚持与时俱进，协调好守正和创新的关系

知常明变者赢，守正创新者进。党的二十大报告强调必须坚持守正创新，守正才能不迷失方向、不犯颠覆性错误，创新才能把握时代、引领时代。守正与创新，二者相辅相成，体现了"变"与"不变"、继承与发展、原则性与创造性的辩证统一。协调好守正和创新，是实现河南黄河保护治理现代化的根本保障和不竭动力。对标对表习近平总书记关于黄河保护治理重要论述精神，以全面提升河南黄河水安全保障能力为重中之重，对当前行之有效、经历实践检验的好的做法、惯例，形成标准、规范、发扬推广、坚持执行。同时，准确把握国内外科技发展新形势、新趋势，加快破解涉水领域的关键难点和科技问题，加强数字孪生、大数据、人工智能等新一代信息技术与河南黄河保护

治理工作的深度融合；全速推进数字孪生黄河建设，大力提升流域治理管理的标准化、数字化、信息化、智能化水平；坚持科技是第一生产力、人才是第一资源、创新是第一动力，强力推进实施科技兴河、人才强河和创新驱动发展战略，全面构建全过程、全链条、全要素创新生态体系，赋能推动新阶段河南黄河保护治理高质量发展的先进引领力和强劲驱动力。

### 三、幸福黄河建设科学思维方法

中国特色社会主义进入新时代之后，党领导人民治国理政的环境、条件、目标、要求都发生了深刻变化，以习近平同志为核心的党中央尤为强调科学思维方法的重要性。2017 年 10 月，习近平总书记在党的十九大报告中将领导干部必须掌握的科学思维方法归纳为五种：战略思维、创新思维、辩证思维、法治思维、底线思维。2019 年 1 月，习近平总书记在省部级主要领导干部专题研讨班开班式上又将"五大思维"扩充为"六大思维"：战略思维、历史思维、辩证思维、创新思维、法治思维、底线思维。

在深入推进黄河流域生态保护和高质量发展重大国家战略中，需要牢固树立六种科学思维方法，统筹运用于幸福黄河建设的生动实践中 [①] 。

（一）树立战略思维

战略思维就是高瞻远瞩、统揽全局，善于把握事物发展总体趋势和方向的思维方法，具有全局性、根本性和长远性的主要特点。习近平

---

① 齐峰：《黄河流域生态保护和高质量发展重要论述所蕴含的科学思维方法》，《济南日报》2023 年 8 月 19 日，第 3 版。

总书记指出，要把黄河流域生态保护和高质量发展作为事关中华民族伟大复兴的千秋大计。习近平总书记重要论述中的战略思维不仅具体表现为"保障黄河长治久安"和"让黄河永远造福中华民族"的战略目标以及"生态优先、绿色发展"的战略路径，还突出表现为"抓紧开展顶层设计""编好规划，加强落实"的战略性规划要求。因此，要从长远角度考虑问题，把当前发展和长远目标有机结合起来，把握事物发展的大趋势、大潮流和客观规律，在长远发展中考虑当前，把解决当前问题作为实现长远发展的根基。

（二）树立历史思维

历史思维就是以史为鉴、知古鉴今，善于运用历史眼光认识发展规律、把握前进方向、指导现实工作的思维方法。历史思维中蕴含着辩证思维，既注重历史的经验，又注重历史的教训，从历史的经验教训中汲取智慧与能量，激发现实的作为。习近平总书记指出，"从某种意义上讲，中华民族治理黄河的历史也是一部治国史。"习近平总书记根据历史上治理黄河的经验，提出新时代治理黄河的主攻方向，必须治好水患；必须解决流域生态环境脆弱问题；必须解决水资源保障形势严峻问题。在推进幸福黄河建设中，要正确运用历史思维，坚持马克思主义观点立场，坚持以历史的眼光分析看待一切事物，坚持以古鉴今、古为今用。

（三）树立辩证思维

辩证思维就是承认矛盾、分析矛盾、解决矛盾，善于抓住关键、找准重点、洞察事物发展规律和解决问题的思维方法。习近平总书记善于运用矛盾双方既对立又统一的辩证思维方法，为黄河流域生态保护和高质量发展指明了方向。习近平总书记指出，"治理黄河，重在保护，要在治理"。在黄河流域治理中，水沙矛盾是一对主要矛盾，"要保障黄河长久安澜，必须紧紧抓住水沙关系调节这个'牛鼻子'"；黄河流域最大的矛盾是水资源短缺，要"大力发展节水产业和技术，大力推进农业节水，实施全社会节水行动，推动用水方式由粗放向节约集约转变"。沿黄各地区要从实际出发，"宜水则水、宜山则山，宜粮则粮、宜农则农，宜工则工、宜商则商"，积极探索富有地域特色的高质量发展新路子。为此，我们要学习掌握唯物辩证法的根本方法，不断增强辩证思维能力，提高驾驭复杂局面、处理复杂问题的本领。

（四）树立创新思维

创新思维就是指因时制宜、知难而进、开拓创新的科学思维方法。创新思维能力，就是破除惯性思维，摒弃旧观念，因时制宜、开拓创新，形成新结构，寻找新思路，打开新局面。习近平总书记指出："黄河流域生态保护和高质量发展，同京津冀协同发展、长江经济带发展、粤港澳大湾区建设、长三角一体化发展一样，是重大国家战略。"推进这一新的重大国家战略落实，传统政策工具和手段难以有效解决黄河流域生态保护和高质量发展面临的五大突出问题，做好新时代幸福黄河建设，必须牢固树立创新思维，从思想认识、体制机制、社会环境等入手，推动形成创新思维的良好氛围，同时牢牢把握新一轮科技革命和产业变革浪潮带来的发展机遇，加强要素倾斜、数字化转型等，创新新型区域高质量发展路径。

（五）树立法治思维

法治思维就是遵循法治理念，善于运用法治方法想问题、做决策、办事情的思维方法。法治方式是运用法治思维处理和解决问题的行为方式。习近平总书记强调"用最严格制度、最严密法治保护生态环境""要加快制度创新，增加制度供给，完善制度配套，强化制度执行，让制度成为刚性的约束和不可触碰的高压线"。我们要对法律怀有敬畏之心，带头依法办事，带头遵守法律，不断提高运用法治思维和法治方式深化改革、推动发展、化解矛盾、维护稳定能力。目前，《中华人民共和国黄河保护法》等一系列法律法规已经实施，要全面做好贯彻执行，自觉做依法治河的积极践行者和坚定捍卫者，运用法治思维和法治方式化解矛盾、提供支持与保障，用法治的刚性力量守护好流域水安全，在法治轨道上深入推进黄河保护治理。

（六）树立底线思维

底线思维就是客观地设定最低目标，立足最低点，争取最大期望值的思维方法。简言之，就是一种遇事从最坏处着想，然后做最充足准备，在有限条件下努力争取最好结果的思维方式。习近平总书记考察宁夏时指出，要"明确黄河保护红线底线""守好改善生态环境生命线""不能犯急躁病""不能随意上大项目，搞各种各样的开发区"，要为黄河流域生态保护和高质量发展划好"红线"。习近平总书记强调"有多少汤泡多少馍"，要解决好黄河流域人民群众特别是少数民族群众关心的防洪安全、生态安全等问题，为解决生态问题划出了底线、红线，为治理黄河明确了行为规范。在推进"幸福黄河"建设中，必须牢固树立底线思维，清醒认识严峻形势和复杂挑战，居安思危，增强忧患意识，提高底线思维能力，推动黄河流域生态保护和高质量发展不断取得新进展。

# 第三章　安澜黄河

黄河作为全世界泥沙含量最高、治理难度最大、为害最深的河流之一，经常泛滥成灾，成为中华民族的心腹之患。

河南黄河处于山区向平原的过渡河段，河道上宽下窄，比降上陡下缓，泄洪能力上大下小，且河道高悬地上，大部分都处在"豆腐腰"河段，具有不同于其他江河及黄河其他河段的突出特点。

一是防洪短板突出。小浪底至花园口区间还有 1.8 万平方公里无工程控制，洪水预见期短、威胁大。

二是河道最宽。两岸堤距一般 5～10 公里，最大河宽 24 公里（新乡长垣市大车集断面），河道宽、浅、散、乱，孟津白鹤至高村 299 公里游荡性河段河势尚未完全控制，危及大堤安全。

三是悬差最大。长期水沙关系不协调，泥沙主要淤积在下游，成为举世闻名的"地上悬河"，现状河床平均高出背河地面 4～6 米，其中新乡市河段高出地面最高达 23 米，东坝头至陶城铺河段"二级悬河"发育严重，形势严峻。

四是滩区面积最大、人口最多。河南黄河滩区总面积 2714 平方公里，有 1024 个自然村，30 万滩区居民迁建规划实施后，仍有户籍人口 122 万人、常住人口 95.83 万人。

五是水旱灾害最重。自公元前 602 年至 1938 年的 2540 年中，黄河下游决口 1590 次，其中三分之二发生在河南；大改道 26 次，有 20

次在河南，素有"三年两决口，百年一改道"之说。同时，豫北沿黄地区又是资源性缺水、干旱灾害严重的区域，据史料记载大旱灾约 10 年一遇，频繁、惨烈程度触目惊心。

六是防汛任务最艰巨。黄河在郑州以下高悬于黄淮海平原之上，两岸大堤保护范围 9 万多平方公里，人口 7500 多万人，一旦决口，水沙俱下，良田沙化，将造成巨大的生命财产损失及难以估量的生态灾难；国家防汛抗旱总指挥部公布的全国 31 个重点防洪城市中，沿黄城市郑州、开封均在列。

习近平总书记在黄河流域生态保护和高质量发展座谈会上指出，"尽管黄河多年没出大的问题，但黄河水害隐患还像一把利剑悬在头上，丝毫不能放松警惕。"当前，我国已迈上全面建设社会主义现代化国家新征程，黄河保护治理和高质量发展处于深入推动新阶段，流域区域经济社会正在持续向好发展，人口、产业、经济等进一步聚集，一旦发生严重洪涝灾害，损失及影响将呈现倍增、放大效应，越来越"淹不起""旱不得"。做好黄河防汛工作，确保河南黄河安澜，事关中国式现代化建设全局，事关重大国家战略落实，事关人民群众切身利益和生命财产安全，事关幸福河建设目标实现。

河南黄河河务局党组始终把落实黄河重大国家战略作为首要政治任务，牢记嘱托，科学研判新形势、新挑战、新任务，着力推动"五河建设"，将"安澜黄河"放在了首要位置。安澜黄河是基础，是保障。没有安澜黄河，生态黄河、美丽黄河、富民黄河、文化黄河等一切都无从谈起。

# 第一节　古代典籍中关于黄河防洪记述

黄河流域洪水灾害主要是由河流决口、洪水泛滥造成的。黄河下游地区古代经济文化发展早，有记载的文献多。由于河道淤积，下游早已成为"悬河"，易于决口泛滥。因此，下游是黄河洪灾最为严重的地区。

相传在帝尧时代，黄河下游就有"洪水泛滥于天下"之说。《尚书·尧典》中"汤汤洪水方割，荡荡怀山襄陵，浩浩滔天，下民其咨"的记述，反映当时洪水横流遍地，老百姓被围困在丘陵高地之上，哀叹洪水灾情的情景。据史学界考证，商代曾因黄河下游洪水为患，多次迁都。先后在亳（今河南商丘睢阳区北）、西亳（今河南偃师区西）、嚣（一曰傲，今河南荥阳市北、敖山南）、相（今河南内黄县东南）、耿（古时同邢，今河南温县东）、庇（祖辛至祖丁时都城）、奄（南庚时都城，今山东曲阜旧城东）、殷（盘庚以后都城，今河南安阳小屯村）建都。其中，公元前 1534 年至公元前 1517 年的 17 年间，因洪水泛滥，不得不两次迁帝都。周代春秋时期，位于黄河下游各诸侯国，纷纷筑堤自保，洪水随地形到处泛滥成灾的状况才有所改变。

## 一、决口、改道概况

黄河下游河道变迁，都以"禹河"作为原始河道。"禹河"的大体流路为经今河南孟津、荥阳、武陟、原阳、滑县西、内黄，进入河北广宗至巨鹿北，然后分为数支，最北一支为主流，循漳河经天津东南入渤海。该河最早为《禹贡》所载，故称"禹河"。

据历史文献记载，自周定王五年（公元前 602 年）至 1938 年的 2540 年中，黄河决口的年份达 543 年，平均约四年半有一次决口；有些年一年多次决口，总决口次数达 1590 次，平均三年两次决口。有些决口，在比较短的时间内堵合，水流复走原河道。有部分决口，由于各种原因未能堵合决口，水流走新的水道，即改道，在这 2540 年中，发生改道 26 次。黄河下游决口改道最北的经海河至天津入海，最南的经淮河入长江。水灾波及黄淮海平原冀、鲁、豫、皖、苏五省，总面积约达 25 万平方公里。

## 二、现行河道以前历代堤防重大决溢

据史学界考证，黄河下游河道决口成灾，汉代以来史志记述比较翔实。

（一）汉代

从公元前 206 年至公元 220 年，发生重大决溢的有 15 年。如：①汉成帝建始四年（公元前 29 年）河决馆陶及东郡金堤，"泛溢兖、豫，入平原、千乘、济南，凡灌四郡三十二县，水居地十五万余顷，深者三丈，坏败官亭屋庐具四万所。"（《汉书·沟洫志》）死亡者不计，仅迁移出来的就有九万七千余人。②汉成帝河平二年（公元前 27 年），黄河在平原决口，再次泛滥济南、千乘，"所坏败者半建始时"（该次决口造成的损失相当于汉成帝建始四年东郡河决时的一半）。

（二）魏、晋、南北朝

220—581 年，发生重大决溢的有 9 年。如：①魏文帝黄初四年（223 年）大水。《晋书·五行志》中有，"魏文帝黄初四年六月，大雨霖，伊、洛溢，至津阳城门，漂数千家，杀人。"表明黄河支流伊河发生了大洪水。《水经注》中记载，洛阳伊阙石壁上有一段石刻铭文："黄初四年六月二十四日，辛巳，大出水，举高四丈五尺，齐此已下。"

当时的洪水四丈五尺，约合今 10.9 米。20 世纪 50 年代，水文工作者根据这条记载进行了现场调查，推算这年伊河洪水洪峰流量接近 20000 立方米每秒。伊河、洛河是黄河下游洪水的主要来源区之一，洛河未见大水记载，但伊河、

《水经注》

洛河同属一个雨区，降雨量可能也较大，伊河、洛河汇流入黄河后，也会造成决口成灾。②北魏景明元年（500 年），"七月，青、齐、南青、光、徐、兖、东豫、司州之颍州、汲郡大水。平隰一丈五尺，居民全者十之四五。"足见水灾之严重。

（三）隋、唐、五代

581—960 年，发生重大决溢的有 39 年。如：①唐高宗永淳二年（683 年），黄河在河阳决口，"秋七月，己巳，河水溢，坏河阳县城，水面高于城内五尺，北至盐坎，居人庐舍漂没皆尽，南北尽坏。"（《旧唐书·高宗本纪》）②五代周显德元年（954 年）以后，黄河在杨刘等地决口。"河自杨刘至博州百二十里，连年东溃，分为二派，汇为大泽，弥漫数百里。又东北坏古堤而出，灌齐、棣、淄诸州，至于海涯，漂没民田不可胜计。"（《资治通鉴》表二十九）

（四）北宋

960—1127 年，发生重大决溢的有 66 年。如：①宋太祖乾德三年（965 年），一年中黄河在开封府、孟州、郓州、澶州等地决口。"开封府决，溢阳武。河中府、孟州并河水涨，孟州坏中潭军营民舍数百区。河坏堤岸石，又溢于郓州，坏民田。"（《宋史·五行志》）"八月癸卯，

河决阳武县；乙卯，河溢河阳，坏民居；己未，郓州河水溢，没田。九月辛巳，河决澶州。"（《宋史·太祖本纪》）②宋真宗天禧三年（1019年）六月，河溢滑州天台山，"六月乙未夜，滑州河溢城西北天台山旁，俄复溃于城西南，岸摧七百步；漫溢周城，历澶、濮、曹、郓，注梁山泊，又合清水、古汴渠东入于淮，州邑罹患者三十二。"（《宋史·河渠志》）

（五）南宋、金、元

1127 — 1368 年，发生重大决溢的有 55 年。有些决口是由于战争原因，属人为扒口。如：①金哀宗正大九年（1232 年），"二月，以行枢密院事守归德。……三月，壬午朔，（元兵）攻城不能下，大军中有献决河之策者，主将从之。河既决，水从西北而下，至城西南，入故滩水道，城反以水为固。"（《金史·石盏女鲁欢传》）②元世祖至元二十五年（1288 年），黄河决口数十处。"五月，……己丑，汴梁大霖雨，河决襄邑，漂麦禾。""五月，……癸丑，河决汴梁，太康、通许、杞三县，陈、颍二州皆被害。""六月，……壬申，睢阳霖雨，河溢害稼。……乙亥，以考城、陈留、通许、杞、太康五县大水及河溢，没民田。"（《元史·世祖本纪》）"汴梁路阳武县诸处，河决二十二所，漂荡麦禾、房舍。"（《元史·河渠志》）"十二月，太原、汴梁二路河溢，害稼。"（《元史·五行志》）

（六）明代

1368 — 1644 年，发生重大决溢的有 112 年。如：①明太祖洪武二十四年(1391 年)，"四月，河水暴溢，决原武黑洋山，东经开封城北五里，又东南由陈州、项城、太和、颍州、颍上，东至寿州正阳镇，全入于淮，而贾鲁河故道遂淤。""又由旧曹州、郓城两河口漫东平之

安山,元会通河亦淤。"(《明史·河渠志》)②明成祖永乐八年(1410年),
"八月黄河溢,坏开封旧城二百余丈,灾民14100余户,没田7500余
顷。"(《明史·河渠志》)

（七）清代

1644—1855年,发生重大决溢的有69年。如:①清圣祖康熙元
年(1662年),"五月,河决曹县石香炉、武陟大封、睢宁孟家湾。六月,
决开封黄练集,灌祥符、中牟、阳武、杞、通许、尉氏、扶沟七县,田
禾尽被淹没。七月,再决归仁堤。"(《清史稿·河渠志》)②清仁
宗嘉庆八年(1803年),"九月,决封丘衡家楼,大溜奔注,东北由
范县达张秋,穿运河东趋盐河,经利津入海。"(《清史稿·河渠志》)

## 三、现行河道堤防决溢情况

（一）1855—1874年

兰考铜瓦厢至阳谷张秋镇,尚未形成完整的堤防,基本上洪水任
意泛滥。张秋镇以下夺大清河入海河段,也有些年发生决口,如清同治
二年(1863年),"六月兰阳口门复溢……平阴以下决口三四十处。"

（二）1875—1911年

下游堤防有31年发生决口。如:①清德宗光绪十三年(1887年)
八月,"郑州险工(石桥)漏洞决口,后刷宽至三百余丈,决水流入
中牟县,大溜向朱仙镇南流向尉氏、扶沟、鄢陵等地,最后顺贾鲁河入
淮,受灾涉及15个州县。"②清德宗光绪二十七年(1901年),"六
月二十四日,南岸章丘县陈家窑大堤漫溢决去数十丈,北岸惠民县境五
杨家大堤又复漫决成口。"(《清德宗实录》)"北岸濮阳县陈家屯漫
决。"(《直隶河防辑要》)"河溢,兰仪、考成二县成灾。"(《淮

系年表》）

（三）1912—1938 年

下游堤防决口的有 19 年。如：① 1921 年，"七月十九日，决利津宫家坝，口门初宽七八丈，未及俩月刷至四百五十丈，夺溜十分之八。"（《黄河年表》引《水利》月刊）"河决长垣县皇姑庙，十月合龙。"（《中国水利史》）② 1935 年，黄河在山东鄄城董庄决口，淹及菏泽、郓城、嘉祥、济宁、金乡、鱼台等县，由运河入江苏，使山东、江苏两省 27 县受灾，面积达 1.2 万平方公里。

（四）1938—1947 年

1938 年，国民党扒开花园口大堤黄河改道后，沿黄泛区西岸修筑了 34 公里的"防泛西堤"。次年，又修筑新堤 282 公里，两次共修新堤 316 公里，日伪在东岸逐步修筑了长 110 公里的"防泛东堤"。堤防堤身单薄，堤质很差。9 年中有 6 年决口，漫溢 59 处。

## 四、典型决口洪水灾害

### （一）1761 年洪水

黄河下游将来自三门峡以上的洪水称为"上大洪水"，来自三门峡至花园口区间（简称三花区间）的洪水称为"下大洪水"。黄河下游 1761 年洪水属"下大洪水"。

清乾隆二十六年七月（1761 年 8 月中旬），三花区间发生了一场特大暴雨，形成峰高、量大、持续时间长的洪水。据考古推算，花园口洪峰流量为 32000 立方米每秒，12 天洪量为 120 亿立方米。在伊河、洛河及三花干流区间暴雨区发生了严重的灾害，黄河下游决口泛滥区灾害更为严重。洪水及灾情史志多有记载。如："七月洛阳等县霪雨浃旬"

（《河南府志》）；"七月十四日至十六日夜大雨如注""沁、丹并涨，水入沁阳城内，水深四至五尺"（《沁阳县志》）；"七月十五至十九日暴雨五昼夜不止"（《新安县志》）；"大雨极乎五日"（东洋河口碑记载）等。堤防决口给下游两岸带来了严重的灾害，河南巡抚常钧在七月向皇上报的奏折有："黑岗口河水十五日测量，原存长水二尺九寸，十六日午时起至十八日巳时陆续共长水五尺，连前共长水七尺九寸，十八日午时起至酉时又长水四寸，除落水一尺外，净长水七尺三寸，堤顶与水面相平，间有过水之处""……查杨桥河出水散漫，一溜从中牟境内贾鲁河下朱仙镇，漫及尉氏县东北，由扶沟、西华两县入周口沙河，又一溜从中牟境内惠济河下祥符、陈留、杞县、睢州、柘城、鹿邑各境，直达亳州"。河道总督张师载八月初八奏折称："南北两岸均一查看，共计漫口二十六处。"这次洪水伊河、洛河、沁河下游两岸的偃师、巩县（今巩义）、沁阳、博爱、修武等县都"大水灌城"，水深五六尺至丈余不等，洛阳至偃师整个夹滩地区水深在一丈以上。黄河下游武陟、荥泽、阳武、祥符、兰阳、中牟、曹县等左右两岸共决口 26 处，使河南开封、陈州、商丘，山东曹、单，安徽颍、泗等 28 州县被淹，灾情十分严重。

（二）1933 年洪水

黄河下游 1933 年洪水属"上大洪水"。1933 年 8 月上旬，泾河、洛河、渭河和干流吴堡至龙门区间降大到暴雨，汇合后在陕县站（三门峡站）形成洪峰流量 22000 立方米每秒的洪水，最大 12 天输沙量达 21.1 亿吨（当年输沙量达 39.1 亿吨）。演进到花园口，洪峰流量 20400 立方米每秒，12 天洪量为 100 亿立方米。在洪水演进的过程中，温县当时 22 公里堤防决口 18 处。京汉郑州铁路桥被冲，20 余孔桥墩振动，"铁桥之七十七、七十八两洞为急水所冲东移数寸"，交通中断。冲决华洋堤（贯孟堤）11 处，全淹封丘。太行堤漫溢决口 6 处，大车集至石头庄约 20 公里的堤防决口 30 余处……淹没了北金堤与临黄堤之间的区域。长垣及北金堤以南的范（县）、濮（县）、寿（张县）、阳（谷县）4 县的广大地区尽成泽国，水涨宽达 40 公里，平地水深七八尺。"凡水淹之处，茫茫无际，只见房顶树梢露于水面，特别在决口口门处，洪流倾泻，房塌树倒，人畜漂没，一片惨象。"南岸兰考小新堤、旧堤决口多处，泛水沿明故道东流；四明堂、杨庄也发生决口，考城、东明、菏泽、曹县、定陶等县被淹，巨野县城被水包围，徐州环城故堤十余里决口 7 处。这次洪水黄河下游两岸共决口 60 余处，豫、冀、苏、鲁 4 省 30 县被淹，受灾面积达 0.66 万平方公里[①]。

# 第二节 国外河流防汛理念及措施

从目前所采取的防洪策略看，世界各国大致可分为两大类型：以防洪工程措施为主，以及防洪工程措施与防洪非工程措施并举。日本、荷兰、中国、埃及等是以防洪工程措施为主的代表，美国、法国、英国等是以防洪非工程措施为主的代表。

## 一、美国：从唯堤政策走向综合管理

近几年美国几乎年年发生洪灾，每次损失为数十至数百亿美元不

---

① 胡一三、王春青、赵咸榕 等：《黄河防汛》，黄河水利出版社，2021，第13-19页。

等。为了防范洪灾，美国政府制定了一系列防洪战略和措施，并已取得了一定的效果。它们概括起来就是：加强宣传教育，提高公众的防洪意识；制定切实可行的法规，保护漫滩湿地；建立科学的预报系统；绿化环境，保护森林，防止水土流失。

美国政府和科学家在对密西西比河 1993 年特大水灾进行反思后得出了这样的看法：由于水库必须经常保持高位蓄水以供发电所需，因此水库蓄洪能力是有限的。为了有效地防洪抗洪，必须管理好漫滩湿地，保护好堤坝，维持泄洪通道的畅通，提高建筑的防洪抗洪能力。依靠法规保护好漫滩湿地是防洪减灾的重要一环。漫滩是靠近江河湖泊的低地部分，它的主要作用是在洪水到来时帮助吸收洪水，削弱洪水的力量。漫滩生长有多种植物，使雨水在进入江河湖泊之前先滤去泥沙，从而减少对江河湖泊的阻塞，减慢河床增高的速度。在美国，从联邦政府到州政府和地方政府都制定有保护漫滩湿地的法规，禁止盲目和过度开发漫滩资源，从而有效地保护了漫滩湿地的数量、完整性及生物多样性。

建立科学和可靠的预报系统，在洪水来临前提早疏散居民，这有助于减轻洪水带来的破坏和损失。美国目前的洪灾预报系统由数据自动收集系统、卫星数据传输系统、电脑预报系统、自动报警装置等几部分组成。同时，绿化环境、保护森林、减少水土流失，对于防洪非常重要。美国的森林覆盖率达陆地面积的 1/3，全国到处都是绿荫，几乎看不到裸露的土地。这除和美国的自然环境优越有利于植物生长有关外，主要还是得益于全国上下重视植树造林和保护森林。美国法律规定：任何树木包括私人宅基地上的树木都不得随意砍伐，修房造屋和筑路修桥也要尽可能地避开森林，而且每砍一棵树就必须再种上一棵树。实践证明，森林在蓄水、防止水土流失以及调节气候等方面起着不可替代的

作用 [①]。

美国联邦政府正式介入防洪事业仅有 150 多年的历史。在此之前，土地所有者或一些社区沿河流两岸建有一些零星的堤防保护耕地或城市。早前，美国专家认为堤防就可解决密西西比河的洪水问题，于是在 1879 年南北战争以后，开始推行只建堤防的防洪政策。1912 年和 1913 年密西西比河洪水宣告堤防万能的防洪策略失败，随之产生了以堤防水库、蓄滞洪区、分洪道、河道整治、水土保持等措施相结合的相对综合的以"控制洪水"为目标的工程防洪策略。

1927 年的美国密西西比河洪灾

1927 年密西西比河发生有记载以来最大洪水，导致美国防洪法修订和密西西比河及三角洲防洪工程建设项目启动，以防御类似 1927 年的洪水，这与我国以洪水为对象建设防洪工程的思路基本一致。

虽然进行了大规模的防洪工程建设，但洪水灾害损失却有增无减，面对这一困境，20 世纪 40 年代，美国以吉尔伯特·怀特为代表的有识之士提出了协调人与洪水关系的思想，标志着考虑社会、经济、环境等约束因素，管理洪水而非控制洪水，减轻而非消除洪水影响的防洪观念。

距"围堤政策"提出约 100 年后，美国非工程防洪措施的主体"全国洪水保险计划"于 1968 年开始推行，工程措施与非工程措施并举的

---

① 曹占英、唐日梅：《国外防治洪灾经验谈》，《世界科学》1999 年第 4 期。

防洪策略形成。全国洪水保险计划不仅是一个风险分担的措施，更重要的，该计划是一个洪水风险区管理政策，它通过法律和经济的手段强制获取风险利益者承担风险费用，限制洪水风险区不合理开发，防止开发者将洪水风险转嫁到他人身上，体现了公共政策的效率与公平原则。与历史上发生大洪水后的反应不同，1993 年美国创纪录大洪水发生后，没出现工程建设的热潮，而是修订了国家洪泛区管理综合规划，将"制定更全面、更协调的措施，保护并管理人与自然构成的系统，以确保长期的经济与生态环境的可持续发展"作为洪水管理的任务。更注重防洪工程特别是堤防的质量，而非刻意追求可防御这次洪水的更高的防洪标准，同时有意不修复某些被洪水破坏的堤防，为洪水保留更多的滞蓄、回旋空间，这与我国 1998 年洪水后所采取的平垸行洪、退田还湖措施异曲同工。

## 二、法国：洪水风险与土地相连

法国国家政府基本上不承担防洪的责任，防洪工程的建设费用主要由当地居民或政府承担，这与洪水发生、洪泛区开发利用具有地域性的特点相适应。对于具有地域性的社会问题，由当地政府或组织制定公共政策，由当地投入资源来解决或缓解通常是有效率且公平的。

法国国家级的防洪策略主要体现在非工程措施方面。法国 1935 年开始制定洪水风险区规划，并从 20 世纪 80 年代起执行自然灾害风险公布制度，明确限制在洪水（或灾害）风险区的开发并规定了采取防洪对策的原则。洪水风险区规划要求凡在洪泛区修堤、兴建土木工程，不得影响洪泛区的滞洪效果，不得将洪水风险转嫁给他人，并严格控制城市向洪水风险区扩张。

洪水风险区规划和自然灾害风险公布制度都通过洪水或灾害风险区规划的办法进行土地利用管理。在洪水风险区规划中将洪水风险区分为两个区，一个区为深水急流区，洪水时是行洪道，类似于我国的滩区或行洪区；另一个区为洪泛区。在急流区，禁止新建所有工程；在洪泛区，建筑物的修建和10公顷以上的种植需申报批准。自然灾害风险公布制度将国土分为三个区，在地图上分别用红、蓝、白三种颜色标志，红区为高风险区，蓝区为一般风险区，白区为无风险区，其土地利用管理规定与洪水风险区规划一致。虽然法国政府没有法律上的责任，但其一直对能有效减轻灾害损失影响的洪水预报给予高度重视。法国的洪水预报系统由千余个观测站和几十个分中心构成，现代化程度很高，负责对全国上千米长的重要河流河段进行洪水预报。此外，法国还对境内所有水库大坝逐个建立了失事应急预案系统。

由于1981年和1982年两年连续发生大水灾，国家无力用原来的方式向灾民提供灾害救济。法国在1982年7月通过的法律中，开始明确制定自然灾害保险制度，属于半强制性的自愿保险，未参加保险者将得不到此前强度的灾害救济。

### 三、英国：重视非工程措施

英国作为一个四面环海的岛国，除河水泛滥外，沿海地带一直面临突发海啸、大潮和海平面升高的威胁。据统计，英格兰、威尔士共有近5000平方公里地域低于海平面，英国内陆易受水患影响的"危险区域"面积也达约10000平方公里。

经过多年经营，英国已在全国范围内建成一整套较成熟完善的防洪设施体系，其中包括沿海岸线和河道建起的防洪堤，密集的排水网络，以及泵站、防洪闸和拦洪坝等。与此同时，英国也一直注意植树造林和水土保持工作。在严禁对树木乱砍滥伐的同时，英国政府还不断提高国土森林覆盖率。目前，英国森林覆盖总面积已达到 250 万公顷，比 21 世纪初提高了 1 倍。由于采取提供补助金等多种措施鼓励植树造林，1985 年以来，英国阔叶林种植面积已提高了近 10 倍。

　　1998 年 8 月，英国议会农业委员会发布的研究报告指出，英国防洪形势面临的长期挑战主要来自以下几方面：一是全球气候变化会增加对现有防洪设施的压力；二是英国政府计划到 2016 年在水患危险区内新建 400 多万户新居；三是到下一个 10 年，英国至少有 41% 的海岸防护堤需要修理。该委员会认为，英国应该采取可持续的防洪新战略，主要对策之一是适当拆散部分人工防护堤，特别是水情低发地段、长期废弃不用的部分。在沿海地带，这样做可以使海水进一步深入内地，一方面分散了海水潮汐能量，另一方面也可以借助海水中的泥沙沉积对海岸线进行加固。而在内河地带，通过这一措施可以营造出新的蓄洪区。蓄洪区内可种植不怕水浸的作物。这些蓄水区能对突发的较大洪水进行缓冲，同时也可减少洪水对下游水域的压力。英国议会农业委员会的研究报告指出，英国可持续的防洪新战略还应该包括以下一些内容：审批工业和城镇开发计划时，应该将防洪因素充分考虑在内；通过资金的分配，加强对现有防洪设施的维护；通过立法手段，进一步减少各防洪抗灾机构之间可能出现的机构重叠、职责不清等问题[1]。

　　英国根据 1930 年颁布的流域法的规定，建立了流域董事会，国家正式介入防洪事业。1947 年，流域董事会授权与城市规划部门合作，

---

　　[1] 曹占英、唐日梅：《国外防治洪灾经验谈》，《世界科学》1999 年第 4 期。

控制洪水风险区的开发，防洪非工程措施得到重视。

英国的工程防洪体系由堤防、河道整治、水库和挡潮闸构成。在英国没有单一防洪的水库，英国人认为为防洪修建水库造价过高，合适的坝址少，以淹没土地移民的手段换取保护另一片价值略高的土地意义不大，上游筑坝对远距离的下游防洪效益极小。

近年来，英国对非工程措施显得更为重视。英国的非工程防洪措施主要包括四个方面：设立洪水损失补偿基金和灾害救济基金；开展洪水保险；进行洪水风险分区，限制、规范洪泛区的土地开发利用；建立洪水预报和警报系统。

采取工程措施与非工程措施并举的国家还有印度、泰国等。

这些国家的防洪策略的发展与演变过程从总体上看都有共同之处。首先建设起至少可以防御常遇洪水的工程体系，在保持该体系的基础上，采取非工程措施，特别是洪水风险分区、建立洪水风险区土地开发利用管理制度，限制不合理的开发，减低社会面对洪水的脆弱性，实现人水协调、人与自然和谐的目标。

## 四、日本：工程措施外的新理念

日本将河流分为一级河流和二级河流。较小的二级河流由地方政府负责治理；一级河流的上游也指定给当地政府治理，而人口密集的下游地区则由国家负责治理。治理河流的费用由中央和地方政府按一定比例分担，一般是以中央政府为主、地方政府为辅。根据不同的情况，日本在治理河流中采用了加固和加高堤坝、疏浚河道、拓宽河面、建设泄洪区等方法，提高抗洪能力。日本把城市建设和河流治理结合起来，在城市附近的河流修建"超级堤坝"。所谓"超级堤坝"，是在加固地基

后，由防水钢板、混凝
土以及土壤、砂石等材
料构成的。这种堤坝有
较大的坡度，表面种植
草皮，具有防渗透、耐
水泡的特性。即使洪水
溢出堤坝，堤坝也不易
损坏。由于日本是地震

日本黑部大坝泄洪

多发国家，"超级堤坝"还采用了防震技术，使堤坝在发生地震时也能
安全度汛。日本在一般土壤的堤坝上种植树木，形成堤坝保护林，这既
增强了堤坝的抗洪能力，也美化了环境。日本城市的河畔大都成为居民
消遣休息的公园。日本还禁止在河道上违章建造任何设施，不得在河道
内从事可能影响泄洪的活动。日本以前建造的铁路桥梁大都高度不够，
一旦发生大洪水，这些桥梁就成为洪水下泄的障碍，加剧了灾情。为此，
日本政府和有关方面正在抓紧改建铁路、桥梁，增加高度，以利于泄洪。

　　日本有 1700 余年的防洪历史，并较早（1896 年）颁布了《河川法》。
以此为依据，先后于明治、大正和昭和初期制订了三次治水计划，由于
资金和战争等原因，这几次计划都未得到实质性的落实。

　　20 世纪四五十年代，日本水灾严重，损失约占国民收入的 4%，
其中有两个年份（1947 年、1953 年）达 10% 以上。随着日本经济的
复苏，为缓解严重的洪水灾害态势、保障社会经济的稳定发展，1960
年颁布施行了《治山治水紧急措置法》和《治水特别会计法》，并据此
制订了《治水十年计划》。自此治水计划有了切实的资金保障，从而日
本的治水事业进入稳定顺利的发展时期，使水灾对国民经济的影响持续

减弱。

日本的防洪策略总体上以工程措施为主，这与其洪水风险区人口密度高、资产密集有关。进入 20 世纪 90 年代，都市内水问题突出，都市水治理得到更多的重视，与此同时，结合堤面土地，利用道路、建筑物建设的只漫不溃的城市周边超级堤防（顶宽达数百米）建设开始兴起。近年来，综合治水、洪水管理、风险选择、泛滥容许、治水与自然和谐等新的观念开始提出，并在新《河川法》条款中得到一定程度的体现。

### 五、荷兰：给河流以空间

荷兰地处莱茵河和马斯河下游三角洲，地势低洼，低于海平面的国土面积约占 40%，易受高潮和河道洪水侵袭。特殊的地理条件，决定了其防洪工程的重要性。好在莱茵河流域降水均匀，丰枯水位变幅不大，北海最高潮位为 3.5 米，为其修建高标准堤防提供了便利条件。现在荷兰的防洪标准为：城市 10000 年一遇，河道 1250 年一遇，海堤 4000～10000 年一遇，但实际上堤防，尤其是河堤，远不如我国江河干流堤防高大。1993 年、1995 年莱茵河和默兹河发生洪水，对荷兰的防洪策略和河流治理产生了重大影响。1995 年洪水使莱茵河沿岸低洼地（圩垸）疏散 25 万人，虽然没有垮堤，但是影响深远。荷兰对已沿用几十年的河流堤防加固计划做了审查和修订，河堤均按抵御 1250 年一遇洪水的标准进行加固。但是荷兰人知道，无论如何加高河流堤防，安全保障总是有限度的。历史经验表明，随着安全水准的提高，土地利用也发生很快的变化，总体风险（发生洪灾的概率）也在增加。洪水概率的降低很快被可能出现的更大的洪灾损失所抵消。土地利用和提高防洪水平的相互作用，已使荷兰主要河道沿岸的自然景观受到很大负面影响，进一步加高加固堤防，已得不到社会的普遍赞同①。荷兰人认识到再高标准的防洪工程仍面临失事的风险，促使其对以往防洪策略开始反思，给河流以空间和开辟蓄滞洪区的设想即是在此背景下提出的。给河流以空间，增加河流的过水断面，给洪水以出路，使河流在流量、泥沙输移、宽深比等方面达到动态平衡。这可能要求放弃几百年前筑围堤形成的滩地。目前，荷兰人正在研究的措施包括疏浚河道、挖低漫滩（与自然开发相结合），甚至退堤、扩大漫滩。

## 第三节　安澜黄河建设的意义与时代价值

### 一、安澜黄河的提出

2019 年以来，习近平总书记两次主持召开座谈会深入推动黄河流域生态保护和高质量发展重大国家战略，深刻阐述了事关黄河流域生态保护和高质量发展的根本性、方向性、全局性重大问题。在"9·18"重要讲话中，习近平总书记将"洪水风险依然是流域的最大威胁"作为当前黄河流域存在问题之首，指出"黄河水害隐患还像一把利剑悬在头上，丝毫不能放松警惕"，强调要"保障黄河长治久安"。在"10·22"重要讲话中，习近平总书记强调要统筹发展和安全两件大事，提高风险防范和应对能力，将加快构建抵御自然灾害防线作为"十四五"时期推动黄河流域生态保护和高质量发展的首要重大任务,指出确保黄河安澜,是治国理政的大事。

---

① 侯全亮、李肖强:《论河流健康生命》,黄河水利出版社,2007,第207页。

2021 年，水利部召开水旱灾害防御工作视频会议，水利部党组强调要坚持建重于防、防重于抢、抢重于救，坚持"预"字当先、关口前移，坚持依法防控、科学防控，坚持统一调度、团结抗洪，加快完善流域防洪减灾工程体系，全面提升水旱灾害防御现代化调度指挥能力，牢牢守住水旱灾害风险防控底线。当年，黄委全河工作会议要求，要坚持"上拦、下排、两岸分滞"思路处理洪水，坚持"拦、调、排、放、挖"方针综合处理泥沙，持续提升防洪减灾能力。要加快补齐工程短板，不断强化行业监管，全力做好水旱灾害防御。在 2021 年河南黄河工作会议上，河南黄河河务局党组明确提出要着力构建河南黄河保护治理"1562"新发展格局，其中"五河建设"第一条就是着力抓好"安澜黄河"建设，要求坚持人民至上、生命至上，以确保大堤不决口为底线，加快完善河南黄（沁）河防洪工程体系，补齐防洪工程短板。加快实施河道整治，不断完善控导工程布局，控制游荡性河势，塑造稳定主槽，减缓河道淤积。进一步理顺防汛体制机制，全面落实以行政首长负责制为核心的各项防汛责任制，不断提升各级领导干部、专业队伍和群防队伍等防洪应对能力，实现持久水安全。

2020 年 8 月 27 日和 31 日，习近平总书记先后主持召开中央政治局常委会会议和中央政治局会议，审议《黄河流域生态保护和高质量发展规划纲要》。《黄河流域生态保护和高质量发展规划纲要》于 2021 年 10 月公开发布。其中，提出的黄河水利工作目标为：到 2030 年，现代化防洪减灾体系基本建成，水资源保障能力进一步提升，水生态环境质量明显改善，黄河水文化影响力显著加强，水利公共服务水平明显提升，人民群众获得感、幸福感、安全感显著增强。到 2035 年，基本实现黄河流域水利现代化，水资源节约集约利用水平全国领先，河湖水生态健康稳定，智慧黄河平台全面建成，"防洪保安全、优质水资源、健康水生态、宜居水环境、先进水文化"的"幸福河"目标基本实现。展望到 21 世纪中叶，黄河流域水安全得到全面保障，实现"让黄河成为造福人民的幸福河"的目标。为实现这一目标，具体到防洪保安全的任务就是要紧紧抓住水沙关系调节这个"牛鼻子"，增水减沙，调水调沙，构建河道畅通、安全稳固、保障有力的综合性防洪减灾体系，确保河床不抬高、大堤不决口，保障黄河长治久安。

### 二、安澜黄河建设的意义和价值

黄河安澜是中华儿女的千年期盼，习近平总书记指出，扎实推进黄河大保护，确保黄河安澜，是治国理政的大事。习近平总书记对黄河安澜反复强调、始终牵念于心。"知之愈明，则行之愈笃"。从习近平总书记关于黄河安澜的重要论述中、从中华民族治理黄河的曲折历程中，深刻感悟"千年期盼"沉甸甸的分量；从黄河防洪的具体决策和安排中，深切体会肩头沉甸甸的责任，深刻理解安澜黄河建设蕴含的意义和价值[①]。

（一）坚守人民立场，体现人民至上、生命至上的价值理念

"天地之大，黎元为先。"人民是历史的创造者，是决定党和国家前途命运的根本力量。中国共产党根基在人民、血脉在人民、力量在人民。人民至上、生命至上，是中国共产党始终不渝的执政理念。习近平总书记指出，人的生命是最宝贵的，生命只有一次，失去不会再来。在保护人民生命安全面前，我们必须不惜一切代价，我们也能够做到不惜

---

① 张晓松、林晖、高敬 等：《习近平的黄河情怀》，《光明日报》2023 年 11 月 27 日，第 1 版。

一切代价，因为中国共产党的根本宗旨是全心全意为人民服务，我们的国家是人民当家作主的社会主义国家。这是中国共产党执政为民理念的最好诠释！这是中华文明人命关天的道德观念的最好体现！这也是中国人民敬仰生命的人文精神的最好印证！党的十八大以来，党中央带领全国各族人民稳经济、促发展，战贫困、建小康，控疫情、抗大灾，应变局、化危机，历史与实践反复证明，同人民风雨同舟、血脉相通、生死与共，是战胜一切困难和风险的根本保证，要始终把人民立场作为根本政治立场，把人民利益摆在至高无上的地位。

水旱灾害历来是中华民族的心腹之患。旧中国水利工程残破不全，江河泛滥、旱灾频发，常常导致饿殍遍野、民不聊生。新中国成立后，在党的坚强领导下，我国建成了世界上规模最大的防洪抗旱减灾体系，水旱灾害防御能力显著提升，水旱灾害损失占国民经济的比重持续下降，有力保障了人民群众生命财产安全和支撑了经济社会快速发展。党的十八大以来，习近平总书记多次就防汛抗旱减灾作出重要指示批示，要求各级党委和政府要坚持人民至上、生命至上，加强汛情监测，及时排查风险隐患，抓细抓实各项防汛救灾措施，妥善安置受灾群众，确保人民群众生命安全。水旱灾害防御工作，关乎人民群众生命安全、关乎经济社会发展大局、关乎社会和谐稳定，容不得丝毫闪失和麻痹懈怠。坚持人民至上、生命至上，就是要在面对极端恶劣的暴雨洪水时竭尽全力确保人民群众生命安全，这是中国共产党坚持以人民为中心、将人民利益放在首位的治国理政核心理念和使命担当，是水旱灾害防御工作的最高价值准则，也是打赢水旱灾害防御硬仗的根本遵循[1]。

---

[1] 水利部编写组：《深入学习贯彻习近平关于治水的重要论述》，人民出版社，2023，第193-195页。

黄河"善淤、善决、善徙""三年两决口、百年一改道"，无疑是治水的重中之重。安澜黄河建设就是牢固树立以人民为中心的发展思想，把确保人民群众生命安全摆在首位，作为一切工作的出发点和落脚点，全链条、全方位、全过程落实各项黄河洪水防御应对措施，全面提升水旱灾害防御能力和水平，促进人民安居乐业、社会安定有序、国家长治久安。

（二）筑牢抵御水旱灾害防线，为中国式现代化建设提供坚强保障

黄河流经河南省 8 个省辖市 30 个县，流域面积 3.62 万平方公里，占全省总面积的 21.7%。华夏文明之光在这里放射出最为耀眼的辉煌，产生了著名的仰韶文化，孕育了灿烂的商周文化。从夏商起，河南沿黄地区经济发达，在长达 5000 年的华夏文明史中，河南作为全国政治、经济、文化中心长达 3000 多年，在整个中国发展史上占据十分重要的地位。然而，黄河是一条既可兴利又可为害的大河。自西汉到新中国成立前的 2000 多年间，共决口 1500 多次，给两岸人民带来了深重的灾难。治理黄河历来是安民兴邦的大事，从远古时期的大禹治水，历朝历代为治理黄河水患都进行了不断的探索，历史上治黄方略的认识、演进与发展也生动反映了中华民族各个历史阶段社会、经济、文化的进步与变迁，"黄河宁，天下平"成为沿黄人民梦寐以求的愿望。

从"国之大者"看，底线不容有失。做好河南黄河防汛工作，确保河南黄河安澜，事关中国式现代化全局，事关重大国家战略落实，事关人民群众切身利益和生命财产安全，事关幸福河建设目标实现。当前，我国已迈上全面建设社会主义现代化国家新征程，黄河保护治理和高质量发展处于深入推动新阶段，流域区域经济社会正在持续向好发展，人口、产业、经济等进一步聚集，对保障黄河防洪安全的要求越来越高。

加快完善工程布局、加快补齐防御短板、抓早抓细抓实灾害防御，切实筑牢防御水旱灾害防线，推进"安澜黄河"建设意义重大。

从"中国式现代化建设"来看，防洪减灾能力亟待提高。习近平总书记站在新时代党和国家事业发展战略和全局高度，深刻阐述了中国式现代化的一系列重大理论和实践问题，是我们党理论创新和实践探索的又一伟大创造。党的二十大指出，实现中国式现代化要统筹发展和安全，推进国家安全体系和能力现代化，提高防灾减灾救灾和急难险重突发公共事件处置保障能力。从某种意义上说，黄河重大国家战略也是党的二十大关于中国式现代化在黄河流域的具体部署。安澜黄河建设，是提升防灾减灾各项能力、筑牢稳固灾害防线、提高驾驭防汛风险挑战水平、切实增强风险意识、树牢底线思维的重要举措，为推进中国式现代化建设提供了基础保障。

从极端天气看，风险持续偏高。近年来，极端天气事件呈现趋多、趋广、趋频、趋强态势，突破历史纪录、颠覆传统认知的水灾害事件频繁发生。2021年郑州"7·20"特大暴雨、黄河中下游历史罕见秋汛，2022年珠江流域连发8场编号洪水，2023年海河流域发生1963年以来最大洪水，2024年长江中下游、珠江、太湖等流域编号洪水多发，这些充分表明任何一个流域都有发生大洪水的可能，水旱灾害的突发性、异常性、不确定性日益突出，且黄河自1982年以后已连续40余年未发生超过10000立方米每秒量级的洪水，发生大洪水的概率持续增大。为此，必须增强风险意识，主动适应把握全球气候变化下水灾害的新特点、新规律，下好先手棋、打好主动仗，以防御措施的确定性应对水旱灾害的不确定性。

从防汛举措看，存在短板弱项。与其他河段相比，河南黄河所处

壶口瀑布

的地段正在黄河"铜头铁尾豆腐腰"的"豆腐腰"段，河道上宽下窄，比降上陡下缓，过洪能力上强下弱；地上"悬河"突出，"二级悬河"形势严峻；堤防工程隐患多，河道工程不配套，游荡性河势尚未得到有效控制；滩区安全建设滞后，群众生命安全受到威胁；沁河防洪问题突出，尤其是沁北自然溢洪区在发生2500立方米每秒洪水即可进水，区内5万人需外迁安置，遇超标准洪水，沁南地区20多万人的防洪保安形势也十分严峻；黄河在河南河段决口危害最为严重，若黄河在河南段决口，决溢范围波及冀、鲁、豫、皖、苏五省，洪泛可能影响面积达12万平方公里，京广、陇海等主要铁路和干线公路及开封、新乡等城市可能被冲毁，生态环境将长期难以恢复；小浪底至花园口区间还有1.8万平方公里无控制性工程，洪水预见期短，预报预警还不够精准及时，数字孪生黄河建设还处于初级阶段，防洪预报、预警、预演、预案"四预"水平有待提升。非工程措施方面，工程巡查防守和应急抢险人员、物料、装备等资源投入要求高，防汛仓库、专业机动抢险队伍建设明显滞后，沿黄部分干部群众仍存在麻痹思想、侥幸心理，对黄河防汛风险认识不足。

无论站在推进中国式现代化建设的高度，还是站在河南省黄河流域生态保护和高质量发展的角度，确保河南黄河安澜，都是最首要的前提条件。

## 第四节　安澜黄河建设的主要做法及成效

### 一、安澜黄河建设的主要做法

#### （一）完善防洪工程体系

##### 1. 基本建设取得新成绩

新中国成立以来，党和国家高度重视黄河治理工作，投入巨大的人力、物力和财力，大规模开展黄河下游堤防加高、培厚和修复工程建设。在黄河中游干支流上相继建成了三门峡、小浪底、西霞院、陆浑、故县、河口村等水利枢纽工程，大幅度削减了进入下游河道的洪水，形成了"上拦"工程。先后 4 次加高培厚下游两岸临黄大堤，全面建成了 501 公里黄河标准化堤防工程；积极推进重要支流堤防工程建设，沁河下游堤防、北金堤堤防先后达到了设防标准；系统开展河道整治工程建设，河南黄河游荡性河段河势摆动得到了一定控制，游荡范围由原来的 3～5 公里减小至目前的 1～3 公里，极大减轻了堤防的防洪压力，形成了"下排"工程。开辟了北金堤滞洪区，开展了 30 万滩区群众外迁安置，基本建成"上拦下排、两岸分滞"的防洪工程体系。

　　河南黄河河务局在水利部、黄委以及河南省委、省政府的正确领导下，在社会各界各方的鼎力支持下，立足于保障黄河长治久安，进一步完善河南黄河防洪工程体系，加快防洪工程建设。推进下游河道和滩区综合提升治理，基本控制游荡性河段河势，增强防洪能力，确保堤防不决口。加快控导工程续建加固，加强险工险段和薄弱堤防治理，完善"上拦下排、两岸分滞"的综合性防洪工程体系。按照"宽河固堤、稳定主槽、因滩施策、综合治理"的思路，缓解防洪保安和滩区高质量发展之间的矛盾。全力推进基础设施与信息化建设，全面提升新时代河南黄河现代化管理水平，谋求黄河长治久安。

引黄涵闸改建工程施工现场

　　在顶层设计方面，坚持"谋划一批"。配合水利部、黄委完成《黄河流域生态保护和高质量发展规划纲要》水利内容及十六项重大问题研究；配合黄委完成《黄河流域生态保护和高质量发展水安全保障规划》，深入分析黄河流域水安全保障面临的形势与挑战，提出水安全保障的主要目标和重点任务，为全面提升黄河流域水安全保障能力提供重要依据和有力支撑；成立河南黄河河务局黄河流域防洪规划编制工作专班，开展黄河流域防洪规划修编各项工作；配合河南省自然资源厅做好《国土空间总体规划（2021—2035 年）》相关工作，并提出关于河南黄河防洪安全、生态保护、高质量发展相关诉求；组织编制了河南黄河保护治理"十四五"规划、中长期规划、黄河下游河南段河道整治规划、黄河下游河道和滩区综合提升治理工程规划、河南黄河河道整治重点工程防洪能力提升规划、沁河下游河道综合提升治理工程规划、河南黄河河道和滩区综合提升治理工程规划，为河南黄河保护治理提供技术支持和规划支撑。

在基础研究方面，坚持"研究一批"。作为主要参编单位完成黄河流域防洪规划修编 4 个核心子专题，将堤防冲决防护、"二级悬河"治理、河道综合提升、贯孟堤扩建、温孟滩防护堤加固等重大项目纳入其中；2019 年以来，统筹防洪保安、水资源利用、水生态保护等领域，完成 19 项专题研究，为河南黄河治理与开发工作提供了重要的技术支持；与河南省自然资源厅、河南省林业局共同完成河道内"三区三线"划定，将现有防洪工程、规划工程调出自然保护地和生态红线核心区，优化湿地、耕地空间布局，促进防洪治理与生态保护协调提升。

在重大项目立项方面，坚持"立项一批"。完成河道整治疏浚、郑州黄河堤岸刚性加固试点一期、小花间无控区暴雨洪水监测预警系统一期等项目立项；推进贯孟堤扩建、温孟滩防护堤加固、桃花峪工程等前期工作取得阶段性进展；配合黄委积极谋划"二级悬河"和下游滩区综合提升治理项目。贯孟堤扩建工程，拟通过加高加固、改建和新建堤防

24.19 公里，解决封丘倒灌区内 45.5 万人的防洪安全问题。温孟滩防护堤加固工程，通过加高加固移民防护堤 38.08 公里、新蟒河堤 12.76 公里，新建南水北调干渠至南平皋堤防 4.00 公里，提升温孟滩 8.08 万人防洪保安水平。郑州黄河堤岸刚性加固试点工程一期工程位于黄河南岸郑州境内花园口段，加固位置为花园口险工 112 坝~ 120 坝，工程长度 928 米，对于保障黄河郑州城区段安全、改善沿岸生态环境具有重大意义，2023 年底已完成招标工作，将择机实施。河道整治疏浚试验工程，计划对黑岗口、蔡集河段进行疏浚试验，减少不利河势造成的工程险情，实现安全度汛，兰考县蔡集河段河道整治疏浚试验已开工建设。小花间无控区暴雨洪水监测预警系统一期工程，主要解决小花间暴雨洪水监测预警不完善问题，为滩区群众搬迁和洪水防御争取时间，提升河南黄河小花间无控区预报、预警、预案、预演能力，2023 年 8 月项目已开工建设。"二级悬河"和下游滩区综合提升治理工程主要包括"二级悬河"治理、滩区安全建设、滩区综合提升治理、滩区生态综合整治等内容，实施后可减少"横河""斜河"和"滚河"的发生概率，缓解不利河道形态对河道治理格局和滩区治理的威胁，保障滩区群众生命财产安全，提升滩区生态环境。黄河桃花峪工程规划坝址位于黄河干流中下游分界处，在控制黄河洪水方面处于非常重要的位置，上距小浪底水利枢纽工程坝址 120 千米，控制黄河流域面积的 95%，控制小花间无控区面积的 78%；从 20 世纪 50 年代开展黄河防洪治理规划，即有桃花峪的布点，2013 年国务院批复的《黄河流域综合规划（2012—2030 年）》，明确桃花峪作为防洪水库是黄河干流最后一个梯级枢纽。

在重大项目建设方面，坚持"建设一批"。通过实施重大水利建设项目，进一步提高了黄河下游防洪能力，逐步补齐防洪工程短板，保

2021 年荥阳枣树沟控导工程除险加固

障了沿岸防洪安全。黄河下游"十三五"防洪工程，通过黄河堤防加固、防浪林、险工改建、控导新续建、堤顶道路硬化、防汛屋建设等，提高了工程整体抗洪能力，高村以上游荡性河段河势得到初步控制，黄河下游控制和管理洪水的能力大大提高。沁河下游防洪治理工程，通过沁河堤防加固、险工改建续建、穿堤建筑物改建、修建堤顶道路和防汛路等，沁河下游堤防、险工基本达到设计标准，有效提高武陟站 4000 立方米每秒流量下沁河下游防洪能力，保障人民生命财产安全和经济社会发展。金堤河干流河道治理工程（黄委管辖工程河南段），通过险工改建、提灌站拆除重建、病险水闸除险加固、堤顶道路硬化等，有效保障了金堤河 20 年一遇以下洪水的防洪安全。河南黄河渠村分洪闸除险加固工程，通过对渠村分洪闸的除险加固，解决该闸现有的病险问题，恢复该闸使用功能，保证结构的安全、稳定，确保向北金堤滞洪区分洪时闸门

的正常启闭。目前，正在实施的黄河下游引黄涵闸改建工程、黄河下游"十四五"防洪工程已纳入国家 150 项重大水利工程建设。黄河下游"十四五"防洪工程，2023 年 4 月开工建设，进一步完善河南黄河防洪体系，提高防洪能力，对促进沿黄地区经济社会高质量发展具有重要作用。黄河下游引黄涵闸改建工程，2022 年 10 月开工建设，提升下游引黄涵闸引水能力，为黄河下游供水安全和生态安全奠定扎实基础。

2．工程管理取得新突破

（1）保证工程安全运行。河南黄河狠抓工程管理岗位责任制落实，抓好工程汛前安全检查，及时查找、处置各类隐患，开展工程管理半年检查、年终考核，开展工程管理范围内监管事项排查清理、堤防隐患探测、堤防安全评价。2021 年迎战 1982 年以来沁河最大洪水、历史罕见黄河秋汛，河南黄河防洪工程经受住了大流量、长历时洪水考验，保持安全运行，为实现"三个不"目标提供了基础保障。

（2）推进水利工程标准化管理。研究印发"十四五"评价计划，督导水管单位完成"三册一表一台账"编制，举办水利工程标准化管理暨"三基四化"建设工作培训班，全面完成水利工程标准化管理评价工作。目前，河南黄河 10 家水管单位 51 处工程通过标准化管理黄委评价；具备国家级水管单位称号或通过水利部水利工程标准化管理评价的水管单位达到 24 家，创建率达 92%，走在全河前列。

（3）深入开展新时代治黄一线"三基四化"建设。2021 年以来，河南黄河创新性开展一线班组标准化管理工作，2022 年 6 月，所有一线班组完成标准化管理手册编制。印发《河南河务局深入开展"三基四化"建设的实施意见》，省局主要领导带队开展观摩活动。2023 年，印发《河南河务局"三基四化"建设实施细则（试行）》，全面推进

原阳蒋庄标准化班组

一线班组"三基四化"建设工作。

（4）筑牢防洪工程生态防线。持续完善防洪工程生物防护体系，抢抓有利时机开展植树工作，进行爱绿护绿宣传教育，强化巡查管护，全方位、多举措保障植树成效。5年来，累计植树近332万棵，不断优化美化由临河防浪林、堤肩行道林、背河生态林组成的绿色长廊，被水利部专家组称赞为"绿色长城"。

（二）完善防洪非工程措施

全面贯彻落实防汛法律法规，规范防汛管理，完善防灾减灾体系，提高应对水灾害的能力。理顺体制机制，进一步提升组织保障能力。增强流域性特大洪水、重特大险情灾情的应急处置能力。健全应急救援体系，加强应急方案预案、预警发布、抢险救援、物资储备等综合能力建设，加强防汛抢险队伍培训演练，进一步提高防汛抢险支撑能力，补齐非工程措施方面的弱项和短板，强化河南黄河防灾减灾体系和能力建设。

黄河控导工程

1. 理顺河南黄河防汛体制机制

进一步完善以行政首长负责制为核心的各项防汛责任制。按照国家防总印发的《地方各级人民政府行政首长防汛抗旱工作职责》的规定，明确行政首长防汛职责，汛前落实沿黄各市、县黄河防汛行政责任人，每年汛前开展市、县、乡、村四级行政首长培训，提高指挥决策能力和应急处置水平；细化各成员单位职责，厘清责任边界，明确职责分工，切实形成行政领导负总责、河务部门当参谋、有关单位分工负责的黄河防汛责任体系。

党和国家机构改革后，根据防汛体制变动情况，2020 年汛前将河南省防汛抗旱指挥部（简称省防指）办公室（简称省防办）调整至省应急管理厅，省黄河防办仍设在河南黄河河务局；2022 年建立健全扁平化防汛指挥体系，调整防指机构和成员单位分工，成立重大事项决策小组、ABC 调度指挥应急值守专班、15 个工作专班、4 个重大事项工作专班和 9 个防汛应急专家指导组，牵头负责河南省黄河流域分指挥部；强化与防指成员单位联系，细化各成员单位职责，明确职责分工；制定新时期省防指黄河防办工作规则，规范工作职责、会议制度、值班值守应急响应、信息报送和发布等各项内容，河南黄河防汛体制进一步理顺。

2024 年 6 月，按照河南省委、省政府的要求，根据《河南省议事协调机构优化调整方案》，整合设立河南省防灾减灾救灾委员会（简称省防减救灾委），作为省政府议事协调机构，将河南省防汛抗旱指挥部等职责划入。目前（截至 2024 年 6 月底），省防减救灾委正在制定新的工作机制，暂实行过渡期管理，防汛抗旱工作实行平战转化机制，省防减救灾委侧重常态化防灾减灾救灾工作，启动应急响应时，以防汛抗旱指挥部名义开展工作。

*进一步理顺各项内部防汛工作机制。*结合河南黄河河务局机构改革情况，进一步调整完善全员岗位、防洪运行、班坝责任等责任制，确保职责清晰、分工明确，形成"事事有人管、人人有事做"的内部责任制体系；同时，建立大洪水时各级领导包干工作机制，省、市、县三级领导班子成员、抢险专家组等下沉一线分段包干、驻守责任段和重点工程，基层各水管单位明确一名科级以上干部为责任人驻守重要险点，督促指导工程巡查防守、险情抢护等工作，确保大洪水时各项防御工作有力有序开展。

*进一步完善防汛督察机制。*建立并逐年完善"各级党政领导检查指导、防指实地督察、黄河防办跟踪落实"的督察制度，各级党政领导分赴辖区检查黄河防汛工作，各级防指实地督察指导，针对督察问题黄河防办逐项跟踪落实，确保各项责任和措施落到实处。

### 2. 不断完善防汛预案体系

每年印发《河南省黄（沁）河防汛抗旱工作方案》，明确防汛目标任务。修订完善黄（沁）河防洪预案及滩区蓄滞洪运用等 10 个方面的预案和方案，完善各级洪水防范措施和处置程序，落实滩区、库区、蓄滞洪区群众的迁安救护措施。沿黄各级也结合本辖区情况，对各类预案进行完善。其中，2020 年完成了《河南黄河堤防决口应对措施》成果报告；开展黄（沁）河干流超标洪水防御预案编制；对北金堤滞洪区社会经济、避水设施、撤退道路等进行统计，修订完善了滞洪区运用预案；开展滩区居民财产核查登记，修订完善河南黄河滩区蓄滞洪运用预案；完成低滩区进水事件应对方案的编制，督促兰考东坝头以下河段县级防指全面排查低滩区低洼地段、串沟等情况，落实受淹群众紧急转移、串沟堵复及工程防守等措施。2021 年，完成沁河流域超标准洪水防御预案修订和河南黄（沁）河干流超标洪水预案编制；制订了河南黄河堤防决口应对措施；对北金堤滞洪区社会经济、避水设施、撤退道路等进行统计，修订完善了滞洪区运用预案；按照《河南省黄河防汛条例》的规定和职责分工，组织交通、应急管理等相关成员单位编制防汛抢险保障预案；开展滩区居民财产核查登记，修订完善河南黄河滩区蓄滞洪运用预案；按照下管一级的要求，开展了省对市、市对县的预案会审，逐级把关，进一步提高预案的科学性。2022 年，按照省委、省政府的部署，对《河南黄河防汛应急预案》进行了修订，将 11 支社会抢险队伍、9 支消防队伍纳入预案，增加了永久照明、应急通信等措施，细化了滩区迁安救护责任；按照黄委要求，编制完成分流量级及超标准洪水防御方案，防守措施增加消防救援力量、社会抢险队伍、社会物资调用等，实化了队伍预置、物资调配、转移安置等措施；依据最新应急响应行动，优化了会商研判、指挥调度等决策程序，初步形成了应急预案、防洪预案、分流量级预案及超标准洪水防御方案相互依存的黄河防汛预案体系，每年累计编制预案 268 套，同时组织交通、应急、民政等成员单位编制抢险保障预案 36 套。各级组织开展预案培训达 2000 余人次，得到了黄委和河南省政府的肯定。

3. 强化防汛抢险应急保障

（1）加快河南黄河防汛队伍建设。建立以应急抢险队伍为主力、专业机动抢险队伍为骨干、人民解放军队伍为突击、群众抢险队伍为辅助、抢险专家队伍为支撑的"1+$N$"多元联防联动抢险队伍体系。6 支专业抢险队伍汛前集结到位，开展防汛抢险技能培训和演练。将 11 支应急抢险队伍纳入黄河防汛队伍，根据抢险需要及时调用消防救援队伍、应急抢险力量参与抗洪抢险，保障黄河抢险需要。制订《防汛抢险技术传承和人才培养工作方案》，建立了由 100 人组成的动态抢险专家库，构成了抢险队伍的中坚力量和技术核心。推进群防队伍建设，汛前落实"由政府主导、行政事业单位牵头、群众参与"的群防队伍 57 万人，加强巡堤查险等培训、拉练，确保有名有实。加强与驻豫部队、应急管理部门联系，建立沟通协调机制，汛前开展军民联防演练，汛期及时通报汛情，不断完善军民联防体系建设。

（2）提高防汛抢险物资管理水平。落实中央防汛物资储备，每年汛前开展清仓查库，通过多种渠道及时补充防汛抢险物资。创新防汛物资落实形式，对麻绳、编织袋等不易储存物资开展社会化代储。加强重点地段和薄弱环节物资储备，应急调运铅丝网片、土工布等物资支援各地抢险，应急保障能力得到进一步提升。落实社会团体储备料物，按照《河南省黄河防汛条例》的要求，落实各防指成员单位防汛料物储备，不断拓展防汛物资社会团体储备多元渠道。建立防汛抢险物资机械设备生产企业清单制度。落实群众备料，按照"备而不集、分散管理"的原则，进行树木编号、秸料挂牌、逐项登记，一旦需要及时运往抢险地点。多渠道争取防汛经费，2019年来争取水利部防汛经费1.64亿元（183个项目），应急管理部抢险经费1.92亿元，各级地方政府抢险经费2.75亿元，切实提高了防汛抢险的资金保障水平。强化河地共建，协调通信、电力部门，新建通信基站123个，实现防洪工程信号全覆盖；架设永久照明设施215.3公里，为防汛抢险提供了保障。

4. 强化培训演练

加强抢险专业队伍培训力度。针对不同对象开展培训，每年对抢险队长、现场指挥人员开展抢险方案制订、抢险现场组织、现场高效指挥等培训，培养一批抢险专家；对技术骨干、抢险操作人员开展河道修防工、大型机械操作等培训，切实提高抢险实战能力。分级分层次开展培训，省局主要对市、县局防办人员、抢险专家进行培训，市局对抢险队员进行培训，县局针对群防队伍进行培训。

开封兰考防汛抢险演练现场

郑州马渡防汛抢险演练现场

加强人才培养。建立健全防汛抢险专家库，包含能够现场独立指挥的抢险专家县局 70 人，省、市局 30 人，全局抢险专家约 100 人；建立健全防汛抢险技能人才库，机械操作手 200 人、抢险技术骨干 400 人，全局熟练掌握抢险技能人才 600 人；开展"师徒金搭档"活动，活动三年为一个周期，实现防汛抢险技术传承和抢险人才培养的可持续发展。

加强抢险技能演练。各县局每年组织一次实战演练，市局每三年组织一次技能竞赛，省局每五年举办一次河南黄河防汛抢险技能竞赛，适时组织抢险专家和抢险技能人才参加抢险实战观摩活动，起到全面检验和锻炼防汛抢险队伍实战能力的效果，切实打造一支"拉得出、上得去、打得赢"的专业抢险队伍。

加强黄河防汛抢险技术传承。传统抢险技术历史价值影响深远，采取访问老专家、召开研讨会等形式，选拔能够传承技术的带头人；全面收集资料，整理现有的论文专著、音视频等资料，系统地梳理汇编，通过视频记录、网络传播等现代化手段，保护发扬传承好传统抢险技术。做好传统与机械化抢险创新融合，将传统埽工和机械化抢险相结合，提高抢险效率，创新发展防汛抢险技术。

5. 加强涉水安全管理

构建沿黄24个县（市、区）河长制框架下联防联控机制，完成"清四乱"歼灭战任务；组织开展"四乱"问题清理整治专项行动、妨碍河道行洪突出问题排查整治。强化防洪避险宣传，每年设置和更新维护警示标志标牌1万余处，发放宣传材料40余万份。发生洪水时在重要进滩和上堤路口设置关卡，严防闲杂人员进入，组织滩区巡查，劝阻村民远离河道，最大限度减少涉水安全事故发生。积极做好滩区预警，建立"一键直达"预警发布和叫应机制，汛期向沿黄基层党政责任人和8市31个县（市、区）的黄河滩区群众发布防洪避险短信；开发滩区预警公众号，向迁安责任人发布天气、汛情等信息，为迁安转移提供预警信息；汛期各级向行政责任人、相关成员单位及防汛工作人员发送水情短信。有效处置涉河游泳等突发事件，确保了滩区群众生命安全。

6. 强化数智赋能，提升"四预"能力

（1）强化数智赋能，推动数字防汛应用新跃升。聚焦"安澜黄河"建设内在需求，围绕提升预报、预警、预演、预案能力的目标，大力推进数字孪生黄河建设，完善黄河工情险情全天候监测感知预警系统，高标准推进小花间无控区暴雨洪水监测预警系统一期项目建设；深化大数据、物联网、人工智能、云计算等新一代信息技术与防汛主业的融合，优化"四预"一体化平台、河务通App等系统，推动"五级四线"迭代升级，推动数字防汛应用新跃升。

一是建设基于大数据的工程安全评价系统，实时掌握工程状态。建设基于贯通河南黄河大数据的工程安全指数动态评价系统，对河南黄河河段 188 处工程 5606 道坝垛近 70 年来的工程设计、自身结构、根石深度、坝基土质等 10 个影响因子基础数据电子化，形成工程健康指数；将河势、水位、雨情等 7 个工程外部影响因子，通过关联河务通实时数据，形成实时防洪形势指数，按照不同权重科学构建工程安全指数动态评价系统，动态掌握河道工程实时安全状态。利用该系统的预警信息，及时调整防守重点，科学布防，实现险情早关注、早布防。

二是推广基于物联网的智能石头安全预警系统，及早处置工程险情。迭代升级黄河工情险情全天候监测预警系统（智能石头），在靠河的重要险工和控导工程 24 处工程 86 道坝加密布设。2023 年汛期共发出预警信息 183 次，准确监测到一般险情 20 坝次，无一险情漏报，实现对工程运行情况全天候动态监测，极大提高了一线人员查险、报险、抢险效率，有效防范了小险情，实现险情早发现、早处置。

三是完善基于人工智能的河道巡查预警机系统，为险情处置提供智慧预案。汛前，对数字孪生马渡河段升级了数据底板和矢量模型，同时优化河道巡查预警机制的 AI 识别系统，信号传输升级到 5G，对电池容量进行扩容，巡查范围由 10 公里增加至 30 公里；在赵口工程新增 1 套河道巡查预警机系统。截至 2023 年底，共巡查 700 余架次，巡航里程 3800 公里，预警 88 次，成功监测马渡险工一般险情 10 坝次。实现抢险现场与数字孪生工程的贯通互动，实现险情处置有预演、有预案。

四是应用基于数据互联互通的智慧管理系统，实现险情信息共享联用。持续完善河南黄河"四预"一体化平台的模块和功能，河南黄河

河南黄河"四预"一体化平台

智慧管理系统（河务通 App）已应用 106 万人次，涵盖工程运行管理、防汛查险、水政执法、水量调度、安全监管 5 大河务主业，省、市、县局及班组每天 2200 人次使用和录入数据。截至目前，累计录入巡查信息 39.8 万组，处理问题 14.7 万次，与其他业务系统实现数据互联互通，实现了实地巡查、实时上报、及时审批、高效办结。

五是建设扁平化全覆盖的监测感知巡查指挥网，推动防洪抢险协同联动。推进基于扁平化管理和神经网络理论的省、市、县、班、点五级监测、感知、巡查、指挥全覆盖。监测方面：建成视频监控点 804 处，天眼巡河 26 处，自计水尺 26 处，视频监测水尺 97 处。感知方面：建成 24 处 86 道坝岸监测设备。巡查方面：部署 93 架无人机，220 处智能语音警示设备。指挥方面：建成云视讯管理平台，配备 171 个视频会议终端。无人机在汛期起飞架次 2201 次，里程达 2.3 万公里，防汛会商 42 次，推进智慧巡河、智慧监管；"1+6+26+$N$"视频会议实时召开，实现了险情直报、指令直达。

（2）"四预"能力显著提升。一是预报水平持续提升。创新研发的"河南黄河四预一体化平台"上线应用，对雨水情、工险情等进行实时在线管理；建立信息共享机制，及时获取水库调度、气象、水雨情及洪水预报信息，预估防守重点、河势变化等；完善水文监测系统，实现17处自记水位站、66处人工水尺数据网络化，实时监测预报水情信息。二是预警能力大幅提高。研发的河务通App覆盖186个一线班组，累计上线99万次，黄河工情险情全天候监测感知预警系统及全天候河道巡查预警机对工程运行情况进行动态监测，实现预警提醒"智感直达、险情直报、指令直发"；成功申请小花间无控区暴雨洪水监测预警系统一期项目经费3009万元并开工建设，开地方政府投资黄河信息化建设先河。三是预演能力显著增强。利用"河南黄河四预一体化平台"对洪水演进、淹没范围、河势流路等开展线上推演；汛前开展全流程推演、全链条实操，积极参加黄河防总、省防指演练，组织全局综合演练14次。四是预案成效愈发显著。建立周会商与场次会商相结合机制，采用"1+6+26+$N$"视频会商平台，遇重要汛情及时召开黄河防办会商会，2019年以来累计会商247次，启动19次应急响应、5次全员岗位和14次防洪运行机制，有力确保了安全度汛。各类数智化系统为新阶段河南黄河保护治理高质量发展注入了强劲动力，为保障黄河安澜构筑"数智屏障"。

## 二、安澜黄河建设成效

### （一）洪水防御战取得全面胜利，保护了人民生命财产安全

防汛工作的首要任务是保护人民的生命财产安全。洪涝灾害往往带来灾难性的后果，造成人民的伤亡和财产损失。河南省委、省政府坚

台前马铺护滩工程险情抢护

持把确保人民群众生命安全放在第一位，超前部署，科学防控、依法防控，沿黄各级各部门密切配合、扎实工作，成功应对了2021年发生的新中国成立以来最严重黄河秋汛和1982年以来沁河最大洪水，河南黄河河务局省、市、县三级严防死守、全力应对，实现防御措施的"五个转变"，确保了"不伤亡、不漫滩、不跑坝"目标，得到党中央、国务院等各级的肯定。2019年以来开展6次调水调沙，河道过流能力由4350立方米每秒提升至5000立方米每秒，打开了黄河下游防洪调度空间；启动5次全员岗位和14次防洪运行机制，应对9次编号洪水，抢护各类险情5000余次，确保了河南黄河安澜，为黄河流域生态保护和高质量发展提供了安全保障。

1. 成功防御黄河6次编号洪水

2020年，黄河干流发生了6次编号洪水，为汛期编号洪水最多的一年。小浪底水库最大下泄流量 5780 立方米每秒，为建库以来最大。花园口站最大洪峰流量 5520 立方米每秒，为 2010 年以来最大；孙口站最大洪峰流量 5020 立方米每秒，为 1996 年以来最大。中游潼关水文站最大洪峰流量 6300 立方米每秒，是小浪底水库建成以来的最大入库洪水，河南省河道长期维持大流量过程，花园口水文站 4000 立方米每秒以上流量过程达 33 天。近 7000 人参与洪水防御工作，连续奋战 115 天，及时抢护险情 1026 次，其中 4 次较大险情，抢险用石 18.02 万立方米。在 4 次较大险情抢护中，迅速调集 300 余名专业抢险队员、120 余台大型机械、2000 余立方米抢险石料，12 次派出抢险专家组赴现场提供技术支撑，主河槽过流能力由 4350 立方米每秒提升至 5000 立方米每秒。

2. 全面战胜新中国成立以来最严重秋汛洪水

2021 年 9 月中旬至 10 月，黄河中下游发生新中国成立以来最严重秋汛，干流 9 天内发生 3 场编号洪水，连续 24 天保持 4800 立方米每秒的大流量，支流沁河发生 1982 年以来最大洪水，黄河、沁河、伊河、洛河四河并涨，小浪底、故县、陆浑、河口村四库吃紧，全省防洪工程和黄河滩区群众生命财产安全受到严重威胁。面对严峻汛情，在国家防总、黄河防总和河南省委、省政府的正确领导下，沿黄各级党委政府全力应对、严防死守，做到了行政首长负责制从有名向有实有效转变，防御力量从专业单元到群防群治拓展，防御任务从总体要求到责任落实细化，防御措施从被动抢险到主动前置推进，防御目标从险工险段到全线全面延伸，实现了"不死人、不漫滩、不跑坝"的目标，夺取了黄河秋汛洪水防御工作的全面胜利，避免了下游滩区 100 余万人转移和 200 余万亩耕地受淹。

# 水利部文件

水人事〔2022〕24号

**水利部关于表彰全国水旱灾害防御工作**
**先进集体和先进个人的决定**

各省、自治区、直辖市水利（水务）厅（局）、新疆生产建设兵团水利局，部直属有关单位：

近两年来，我国连续出现严重汛情旱情，持续时间长、影响范围广、叠加性极强，且与新冠肺炎疫情叠加，水旱灾害防御工作经受了重大考验。全国水利系统广大干部职工坚决贯彻党中央、国务院决策部署，坚持人民至上、生命至上，坚持立足"防住为王"，锚定"人员不伤亡、水库不垮坝、重要堤防不决口、重要基础设施不受冲击"的"四不"防御目标，闻汛而动、泣血奋战、敢打硬仗，经过共同

— 1 —

水利部黄河水利委员会河南黄河河务局防汛办公室
水利部黄河水利委员会水文局水文水资源信息中心
黄河勘测规划设计研究院有限公司规划研究院
水利部淮河水利委员会水文局（信息中心）水情气象处
水利部淮河水利委员会沂沭泗水利管理局水利管理处（防汛抗旱办公室）
水利部海河水利委员会水旱灾害防御处
水利部海河水利委员会水文局预报预警处
水利部珠江水利委员会水旱灾害防御处
水利部松辽水利委员会水旱灾害防御处
水利部松辽水利委员会水文局（信息中心）水情气象处
水利部太湖流域管理局水旱灾害防御处
水利部信息中心水情处预报中心水情二处
水利部宣传教育中心新媒体处
水利部建设管理与质量安全中心督查事务三处

— 11 —

水利部关于表彰全国水旱灾害防御工作先进集体和先进个人的决定

# 关于表扬2021年黄河秋汛防御工作
# 突出贡献单位的通报

豫政〔2021〕35号

各省辖市人民政府、济源示范区管委会，省人民政府各部门：

2021年9月至10月，黄河中下游干支流均发生历史罕见的长历时、大流量、高水位严重秋汛，我省黄河防洪工程、滩区及沿黄人民群众生命财产安全受到严重威胁，防汛形势极其严峻。各级、各有关部门全面贯彻习近平总书记关于防汛救灾工作重要指示精神，认真落实李克强总理等国务院领导同志关于黄河秋汛洪水防御工作批示要求，始终把人民群众生命财产安全放在首位，强化责任、勇于担当，艰苦奋斗、连续作战，实现了"不死人、不漫滩、不跑坝"的目标，取得了黄河秋汛防御工作的全面胜利，受到党中央、国务院及国家防汛抗旱总指挥部的充分肯定。为表扬先进、树立典型，省政府决定对河南黄河河务局等17家2021年黄河秋汛防御工作突出贡献单位予以通报表扬。

希望受表扬的单位珍惜荣誉、再接再厉，充分发挥模范带头作用，为黄河流域生态保护和高质量发展作出新的更大贡献。各级、各部门要以受表扬的单位为榜样，坚持以习近平新时代中国特色社会主义思想为指导，深入贯彻习近平总书记关于黄河流域生态保护和高质量发展指示批示精神，咬定目标、脚踏实地、埋头苦干、久久为功，努力实现"两个确保"奋斗目标，谱写新时代中原更加出彩的绚丽篇章。

附件：2021年黄河秋汛防御工作突出贡献单位名单

河南省人民政府<br>2021年12月16日

**附件**

**2021年黄河秋汛防御工作突出贡献单位名单**

河南黄河河务局、省应急厅、水利厅、气象局、公安厅、交通运输厅、通信管理局、电力公司、消防救援总队、郑州市防汛抗旱指挥部、开封市防汛抗旱指挥部、洛阳市防汛抗旱指挥部、新乡市防汛抗旱指挥部、焦作市防汛抗旱指挥部、濮阳市防汛抗旱指挥部、三门峡市防汛抗旱指挥部、济源示范区防汛抗旱指挥部。

河南省人民政府关于表扬2021年黄河秋汛防御工作突出贡献单位的通报

一是强化责任落实。省委、省政府及沿黄市、县、乡各级党政领导干部放弃国庆节假期，到岗到位，全面落实以行政首长负责制为核心的各项防汛责任制。省委、省政府主要领导第一时间会商研判部署；分管领导坐镇指挥、统筹协调，随时解决抗洪抢险工作中的困难和问题。及时启动黄河防汛Ⅲ级应急响应，发布第 4 号指挥长令，各级党政领导干部深入一线、靠前指挥、履职尽责；黄河河务等有关部门和应急救援力量通力协作，全力开展各项洪水防御工作。

二是强化会商研判。省委、省政府坚持"防住为王"，严格落实"预报、预警、预演、预案"措施，召开 6 次紧急会商调度会，研判形势，建立应急防汛抢险机制，站位确保滩区 100 多万群众生命财产安全的高度，确立了"不死人、不漫滩、不跑坝"的防御目标。中共河南省委办公厅、河南省人民政府办公厅下发《关于加强黄河秋汛防御工作的紧急通知》，省防指下发 5 个文件，对秋汛防御工作提出具体要求。黄河防汛抗旱总指挥部科学研判、精准调度，使花园口站流量始终维持在 4800 立方米每秒的量级，为实现水库安全、防洪工程安全和下游滩区安全创造了有利条件。

三是强化巡查防守。沿黄各地组织 14318 名专业及群防人员落实巡查责任，逐堤段、逐坝段开展 24 小时不间断巡查，持续坚守近 30 天，确保第一时间发现和处置险情。各级黄河河务部门 2348 名专业人员持续奋战在抢险一线，2123 名消防救援队员和 470 名民兵预备役队员驻守大堤，驻豫部队和中国安能集团、中铁七局等社会抢险力量列装待命。全省累计投入各类大型机械抢险设备 1323 台（套），架设应急照明线路 234 公里，落实帐篷或活动板房 616 顶（个），紧急安排采运石料 49.58 万立方米，及时抢护险情 2439 次，确保了防洪工程安全。

四是强化滩区安全。沿黄各地组织专业及群防人员对生产堤进行不间断巡查防守，提前加高加固薄弱堤段，预置抢险料物和设备。向沿黄群众发送防洪避险短信 3.89 亿条，及时撤离滩区作业人员，停止涉河项目施工，拆除境内全部浮桥，在各进滩路口设置关卡，细化实化群众转移安置应急预案，确保了生产堤不决口、洪水不漫滩、人员无伤亡。

五是强化水库安全。全面加强对高水位运用的小浪底、三门峡、河口村、陆浑、故县等水库的安全监测和巡查防守，详细排查分析水库存在的问题和隐患。重点加强水库坝体、泄洪设施、库周监测，制定防范应对措施，确保小浪底等大中型水库运行安全。

（二）防灾减灾能力大幅提升，助推了河南黄河流域生态环境保护

贯彻习近平新时代中国特色社会主义思想，特别是关于防灾减灾救灾等的重要论述，坚持人民至上、生命至上，切实增强风险意识，树牢底线思维，立足防大汛、抗大洪、抢大险，着力提升防灾减灾各项能力，提高了驾驭防汛风险挑战水平，着力固底板、补短板、锻长板，以防汛管理高质量发展推进了黄河流域水利高质量发展。

一是提升了组织指挥能力。持续巩固完善平战结合、上下贯通、高质高效的扁平化指挥体系，压紧压实以行政首长负责制为核心的责任制体系，完善"党政领导检查、防指实地督察、黄河防办跟踪落实"的督察体系。

二是提高了科技支撑能力。根据《中华人民共和国黄河保护法》，对现有防汛规章制度进行系统梳理和完善，保障防汛工作有法可依、有章可循。根据河情、工情等，迭代更新各类预案方案，并做好预案宣传、培训、演练，切实提高科学性和可操作性。

三是提高了应急保障能力。巩固落实"1+$N$"防汛队伍模式，完

善社会应急抢险队伍调用机制。主动作为、内争外拓、多方筹集，完善大型机械设备抢险社会化保障模式，落实物资调配调用机制及社会抢险设备预置措施。加强防汛抢险重大装备研制，强化新技术、新材料研究和推广应用，做好机械化抢险，加强混凝土抗冲体在根石加固中的应用。

四是提高了防汛现代化水平。以小花间暴雨洪水监测预警系统一期项目建设为契机，开发完成河南黄河"四预"一体化平台，接入气象、水文等预报信息，搭建洪水预报模块；整合河道、浮桥、涵闸及天眼＋视频监控及坝岸监测预警系统，搭建洪水预警模块；引进洪水淹没、洪水演进成果，结合黄委洪水预演系统，搭建洪水预演模块；将预案中工程、队伍、物资等指挥调度措施智能化，搭建预案模块，贯通"雨情、水情、险情、灾情"四情防御，以数字化平台推动智慧防汛实践。

五是破解了工作中的难题。对洪水防御过程中应对措施存在的北金堤滞洪区安全设施情况及分洪运用人员转移情况、防汛信息化存在的问题、防汛物资多元保障渠道、河南黄河机械化抢险技术应用情况等展开调研，积极推进数字防汛信息化建设，提升防汛物资应急保障能力和机械化抢险水平，把调研成果转化为解决防汛重点难点问题、促进防汛管理发展的实际行动，深入推动河南省黄河流域生态保护和高质量发展。

（三）营造防洪安全的稳定环境，促进了河南省经济社会高质量发展

当前社会，各种矛盾风险挑战源、各类矛盾风险挑战点是相互交织、相互作用的。如果防范不及时、应对不力，就会传导、叠加、演变、升级，使小的矛盾风险挑战发展成大的矛盾风险挑战，局部的矛盾风险挑战发展成系统的矛盾风险挑战。洪涝灾害的发生往往会导致社会秩序的混乱，破坏基础设施，造成交通中断和经济损失，进而引发社会不安定的因素。

通过安澜黄河建设，提高了抗洪抢险能力，更好地维护了社会稳定，保持了社会秩序，使人民生活正常运转，确保河南省经济和发展的持续推进。洪涝灾害对农业、工业、交通运输等各个领域都会造成严重影响，对经济产生不利影响。通过安澜黄河建设，科学调度水资源、加强基础设施建设，减轻洪涝灾害对经济发展的不利影响，保障河南省的经济稳定增长。防汛工作的顺利开展，需要良好的组织管理、科学技术的支撑和全民的参与。在安澜黄河建设过程中，政府、河务部门和民众积极配合，通过各种手段增强群众的防汛意识，提高人们应对洪涝灾害的能力，进而促进社会进步。通过安澜黄河建设，预估减少滩区近百万人转移，减少经济损失上亿元，促进了河南省经济发展和社会进步。

# 第四章　生态黄河

生态文明建设是关系中华民族永续发展的根本大计。中华民族向来尊重自然、热爱自然，绵延 5000 多年的中华文明孕育着丰富的生态文化。先秦以来，儒、道、释等古代主流思想都对人与自然的关系进行了深邃的思考。其中，儒家有"天人合一""民胞物与"的自然观与伦理观，道家有"道法自然""清静无为"的世界观和价值观。先秦之前，我国古代统治者就把关于自然生态的观念上升为国家管理制度，其中"虞衡制度"就在各个封建王朝得以继承发展一直延续到清代；除了设置官职保护环境，历朝历代还出台了一系列相关的诏条与法令。

西方社会对生态伦理进行全面思考，缘于近代工业文明之后出现的环境问题，随着环境问题在全球范围公开讨论，生态思想逐渐成为社会主流思想。著名的研究学者有马克思、恩格斯，他们从人与自然、社会与自然、人与自身三方面的关系出发表达自己的生态观点。列宁等马克思主义革命者和思想家，也在早期社会主义建设中践行生态文明思想，推动了人与自然的和谐发展。

新中国成立后，中国共产党在社会主义建设实践中不断推进生态文明建设。特别是党的十八大以来，以习近平同志为核心的党中央始终把生态文明建设作为统筹推进"五位一体"总体布局和协调推进"四个全面"战略布局的重要内容，开展一系列根本性、开创性、长远性工作，提出"人与自然和谐共生""绿水青山就是金山银山"等一系列新理念新思想新战略，生态文明理念日益深入人心。同时，采取了一系列有力、有效举措，取得了显著成绩，污染治理力度之大、制度出台频度之密、监管执法尺度之严、环境质量改善速度之快前所未有，推动了生态环境保护发生历史性、转折性、全局性变化。

水是生态之基，作为生态环境的重要组成部分，习近平总书记提出了"节水优先、空间均衡、系统治理、两手发力"治水思路，系统阐述了山水林田湖草沙生命共同体一体化治理模式，深刻谋划了长江经济带、黄河流域生态保护和高质量发展等江河重大战略，为推进新时代治水工作提供了强大思想武器。

锚定"幸福河"建设目标，河南黄河河务局提出"五河建设"框架，其中"生态黄河"是基础功能。推动生态黄河建设是缓解水资源供需矛盾、实现可持续发展的必然要求；是破解流域生态脆弱问题、铸牢黄河生态屏障的关键所在；是推进绿色低碳转型、促进生态产品价值实现的重要路径；是维护黄河健康生命、推进区域协调发展的必由之路。

河南生态黄河建设的主要目标和重点任务是不断提升水资源节约集约利用和管理能力。黄河流域和引黄受水区面临水资源短缺、水生态受损的严重危机，黄河作为重要的水源，正以有限的黄河水资源不断支撑流域区域生态文明建设和经济社会发展。河南认真贯彻习近平生态文明思想，开展生态黄河建设实践，严格用水总量控制管理，促进水资源节约集约利用；深化黄河下游生态调度实践，不断复苏河道内生态环境；实施生态补水，助力流域生态环境建设；组织实施引黄入冀补淀跨区调水，助力华北地下水超载综合治理。各项举措取得良好的生态效益和社会经济效益，奏响了新时代"生态黄河"的和谐乐章。

# 第一节　古代典籍中的生态文明思想

中国古代哲人们围绕着人与自然和谐共生主题进行思考并著书立说，留下大量生态环境保护的智慧，其主张深邃、有力，具有很强的科学性。这些论述和思想，蕴藏于中国古代哲学与诸子百家的思想中，体现在儒家和道家的典籍中，并在各个时期生活生产中付诸实践，这些典籍是我们今天研究、解决生态问题的重要思想宝库。

## 一、"天人合一" "民胞物与"的自然观与伦理观

儒家向来注重人与自然的关系，"天人合一"思想是儒家思想的普遍表述与基本格调，强调人与万物同源创生，自然就是一个带着生命意味的整体，人与自然有着情感的亲近关系。"天生烝民，有物有则，民之秉彝，好是懿德"（《诗经·大雅·烝民》）①，将"天"赋予了一种"德"的属性，并将"德"的范畴扩大到了自然法则②。儒学在孔子、孟子、荀子、董仲舒天人宇宙论、程朱理学、陆王心学等各阶段的发展，都是围绕"天"与"人"、"天道"与"人伦"之间的互相交织、彼此周流关系而进行演绎的。孔子"仁者乐山、智者乐水"，把人的仁、智等情感精神与自然界的山山水水演绎为一种情感相通、相互投射的关系。孟子"亲亲而仁民，仁民而爱物"，强调从对生命的深切情感中生发出的节约、保护意识。荀子"天时地利人和"，描述了人与天地相得益彰、彼此协调的最佳状态。朱熹"天地以生物为心，人以天地生物之心以为

---

① 《诗经》，东南大学出版社，2013。
② 何小春：《中国古代"天人合一"观的生态伦理意蕴管窥》，《辽宁工程技术大学学报》2007年第6期。

心"，主张人应该用天地生养万物的胸怀和情感去观照万物。儒家在对人与自然的关系上，明确凸显人的主动性和"万物之灵"的地位，他们主张人是自然的一部分，人与自然万物同类；人应当肩负"参赞化育"的职责[①]，要尊重、同情、爱护和理解万物，并以天地化育之道促进万物的生长发育，对自然界应采取顺从、友善的态度，以求人与自然和谐为最终目标。

## 二、"道法自然""清静无为"的世界观和价值观

道家的生态思想可以用"道法自然"来概括。老子"人法地，地法天，天法道，道法自然。"[②]，第一次明确提出"自然"这一重要范畴，讨论了人与自然的关系。老子所言"道"是"万物之母""天地根""万物之宗"，庄子所说"道者，万物之所由也"[③]，都是在说自然之道生养万物的道理。道家关于自然界整体性的认识，体现出一种万物平等的价值观，是一种"物无贵贱"的生态价值取向。庄子"阴阳和静""万物不伤"，也是在说自然只有和调、适宜，才能让万物不遭伤害、实现存在价值，强调的是和谐有序的自然环境对包含人在内的所有万物生存、生长的重要性。正是基于这样的自然观和价值观，道家在生活上倡导一种自然、无为的处事方式。老子讲"知和曰常"，倡导要"知止不殆""知足不辱"，"以辅万物之自然而弗敢为"也就是"无为"，要对自然万物采取顺应的态度。这些都是一种自觉、合理、节制、开放的生产、生活方式，对利用资源、保持良好生活习惯具有重要的指导意义。

---

① 蒙培元:《人与自然——中国哲学生态观》，人民出版社，2004。
② 《老子》，中华书局出版社，2006。
③ 《庄子》，中华书局出版社，2006。

### 三、"虞衡治政"的制度实践

我国古代统治者在"生生不息"思想的指导下，推行过很多环境保护措施。西周时期的《伐崇令》，规定"毋坏屋，毋填井，毋伐树木，毋动六畜，有不如令者，死无赦"[①]；战国时期对生活垃圾都有细致、严格的规定，从"弃灰于道者断其手"(《韩非子·内储说》)就可见一斑；《地数》中有"动封山者，罪死而不赦。有犯令者，左足入，左足断；右足入，右足断"的记载；秦颁布了保护农田耕作与山林的法律——《田律》；李渊建立唐之后，设立了虞部，命其"掌京城街巷种植、山泽苑囿、草木薪炭供顿、田猎之事"。追本溯源，这项设置专司环境保护的"虞衡制度"，早在帝舜时期就已出现，一直延至清，沿袭传制（史书载帝舜命伯益掌管草木鸟兽，《立政》中有"薪

秦朝《田律》

蒸之所积，虞师之事也"的记载，《清史稿》中有"虞衡掌山泽采捕"的文字记录）。

自秦汉至明清，几千年的农耕时代，为我们提供了丰富的历史实践，古人的生产生活始终与各种自然条件有着紧密无隙的联系。人们根据时令节气组织农耕，因地制宜开发利用水土资源，张弛有度地禁伐休耕，这些历史实践活动，为今天我们组织生产、发展经济、保护环境提供了借鉴。

---

① 唐代兴：《生态理性哲学导论》，北京大学出版社，2005。

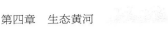

# 第二节 国内外关于生态文明的论述和实践

## 一、国内现代生态文明思想和实践

### （一）新中国成立后生态文明思想一脉相承并持续提升

新中国成立伊始，多年战争使国内生态环境遭受到了极大程度的破坏，毛泽东基于这一现实以植树造林、兴修水利、水土保持为重点对生态文明建设进行了积极的探索。一是明确强调植树造林要在任何可以植树造林的地方尽可能地进行，主张改造荒地、荒山。治水必先治山，通过绿化事业，减少、避免水旱灾害的发生。二是兴修水利，在黄河、长江等河流沿途修建水电站、疏通航道、建设桥梁，提出南水北调重大战略构想，利用自然力量为社会主义建设作贡献。三是高度重视水土保持工作，强调要力戒因开荒而引起的水土流失，指出对于水土保持工作要进行全面规划，切实对其强化领导。

改革开放以来，邓小平以中国社会环境和经济发展作为出发点，提出了一系列与生态文明建设相关的重要论述。第一是将环境保护确立为一项基本国策，颁布实施一批生态环境保护的法律法规，如《中华人民共和国环境保护法》《中华人民共和国水法》《中华人民共和国森林法》《中华人民共和国草原法》等，以强有力的法制建设来推进生态环境问题的解决。第二是大力提倡植树造林以加强中国的生态安全，主张建设"三北防护林"这一大型防护林工程。第三是主张控制人口数量，提高人口素质，减轻资源和环境压力。

江泽民立足国内国际生态环境恶化的大背景，主张实施"可持续发展战略"。一是发自内心地去认识和理解自然规律，恰当地把握和利用自然规律，进而接受自然规律的支配、按照自然规律办事，取得改造自然的成果，改变人与自然的失衡状态，促进其和谐发展；二是正确理解经济发展与环境保护两者之间的关系，要始终坚持将两者并举、不看轻一方也不偏重一方，绝不复制粘贴西方式发展的老路，而是必须要推动经济发展和环境保护之间的共促共进；三是从全球的角度来分析生态问题，强调国际协作，各国同心合力以推进生态文明建设。

党的十六大以来，以胡锦涛同志为主要代表的中国共产党人提出了科学发展观，要求人与自然、科技、社会协调发展，体现了绿色发展观念。科学发展观主张以人为本，全面、协调、可持续的发展观念，体现了生态文明建设的绿色理念；统筹城乡发展、统筹区域发展、统筹经济社会发展、统筹人与自然和谐发展、统筹国内发展和对外开放，于无形中将生态文明建设的行为糅合在各种统筹兼顾的科学发展道路中。

立足新时代的新境遇、新实践，以习近平同志为核心的党中央继承和发展了马克思主义生态观并以此为指导。党的十八大首次将生态文明建设作为"五位一体"总体布局的一个重要部分；党的十八届五中全会提出要贯彻创新、协调、绿色、开放、共享的新发展理念，始终尊重自然、顺应自然、保护自然，遵循自然规律，生态文明建设的重要性愈加凸显。习近平总书记关于生态文明建设的一系列新思想、新观点与新论断，形成了习近平生态文明思想。①

党的十九大提出"良好生态环境是最普惠的民生福祉"。致力于让人民群众对于优美生态环境的需要得到不断满足，也让人民群众对于生态环境的获得感、安全感以及幸福感这三种情感都能够得到切实

---

① 周杨：《党的十八大以来习近平生态文明思想研究述评》，《毛泽东邓小平理论研究》2018年第12期。

有效的稳步提高，加快生态文明体制改革，建设美丽中国，绘就让人民满意的优异的"绿色答卷"。

党的二十大以来，习近平总书记从推进建设人与自然和谐共生的中国式现代化的角度提出新时代推进生态文明建设的主要任务；从人类历史发展的角度，对人与自然的关系、文明兴衰与民族命运、环境质量与人民福祉作详细阐述，将生态文明建设作为中华民族永续发展的根本大计。

习近平总书记在 2023 年全国生态环境保护大会上强调，新时代推进生态文明建设要把握好"五个重大关系"，即高质量发展和高水平保护的关系、重点攻坚和协同治理的关系、自然恢复和人工修复的关系、外部约束和内生动力的关系、"双碳"承诺和自主行动的关系。"五个重大关系"既是实践经验的总结，又是理论概括，蕴含着丰富的价值观和方法论，也充满了深刻的道理、学理、哲理，为美丽中国建设推进人与自然和谐共生的现代化提供了有力思想武器。

（二）党的十八大以来关于治水兴水的重要实践

党的十八大以来，以习近平同志为核心的党中央始终将生态文明建设摆在全局工作的突出位置，旗帜鲜明地提出了创新、协调、绿色、开放、共享的新发展理念，系统阐述了山水林田湖草沙生命共同体一体化治理模式，深刻谋划了"节水优先、空间均衡、系统治理、两手发力"治水思路，一系列根本性、开创性、长远性战略得以实施并卓有成效，形成了科学严谨、逻辑严密、系统完备的理论体系。习近平生态文明思想和关于治水的重要论述，是继承和发展马克思主义生态观的最新理论成果，是新时代中国化的马克思主义生态观的核心内容，是共产党人执政理念的新发展，不仅是构建和谐社会的理论基础，还是促进人类全面发展和社会有序进步的科学指引，更是人们得以从根本上解决生态环境问题的行动指南。

一是完整、全面、准确贯彻新发展理念。习近平总书记指出，生态环境问题归根结底是发展方式和生活方式问题，要从根本上解决生态环境问题，必须贯彻创新、协调、绿色、开放、共享的新发展理念[1]。习近平总书记站在人与自然和谐共生的高度，深刻阐述了人类开发活动必须要把握好自然资源开发利用的度，人口规模、产业结构、增长速度都不能超出资源环境承载能力。水是万物之母、生存之本、文明之源，是经济社会发展的基础性、先导性、控制性要素。要想实现人与自然的和谐共生，必须以水而定、量水而行。

水资源具有战略性、稀缺性和不可替代性等特点，一旦发生供水危机，将对经济发展和社会稳定带来巨大冲击。要根据水资源供需形势对水资源进行宏观调控，处理好供给与需求的关系，推动形成水资源空间均衡配置格局。

二是坚持山水林田湖草沙一体化保护治理。山水林田湖草沙是不可分割的生态系统，习近平总书记多次强调要坚持系统观念，从生态系统整体性出发，推进山水林田湖草沙一体化保护和修复[2]。2023年7月，习近平总书记在全国生态环境保护大会上再次强调，要统筹水资源、水环境、水生态治理，深入推进长江、黄河等大江大河和重要湖泊保护治理。

自然生态系统中的山水林田湖草沙是一个生命共同体，各要素彼此依存、相互促进。推进山水林田湖草沙一体化保护修复，要统筹自然

---

[1] 习近平：《论把握新发展阶段、贯彻新发展理念、构建新发展格局》，中央文献出版社，2021。

[2] 习近平：《论把握新发展阶段、贯彻新发展理念、构建新发展格局》。

生态的各要素，综合治理、系统治理、源头治理，推动实现人与自然和谐共生的中国式现代化，筑牢中华民族伟大复兴的生态根基。保护治理江河流域生态必须牢固树立和践行绿水青山就是金山银山的理念，站在人与自然和谐共生的高度谋划发展，尊重自然、顺应自然、保护自然，复苏河湖生态环境，维护河湖健康生命，实现河湖功能永续利用、永远造福中华民族。

三是坚持以"节水优先、空间均衡、系统治理、两手发力"治水思路为引领。习近平总书记基于对国情、水情的深刻洞见和深邃思考，开创性提出"节水优先、空间均衡、系统治理、两手发力"治水思路[①]，深刻揭示了治水内在逻辑和本质要求，体现理论逻辑、历史逻辑、实践逻辑相统一，是新时代治水事业的根本遵循。

"节水优先"强调治水的关键环节是节水，从观念、意识、措施等各方面都要把节水放在优先位置；"空间均衡"强调要梳理人口经济与资源环境相均衡的原则，把水资源、水生态、水环境承载力作为刚性约束；"系统治理"强调要用系统论的思想方法看待治水问题，统筹治水和山林田湖草沙生命共同体，立足生态系统全局谋划治水；"两手发力"强调要充分发挥市场在资源配置中的决定性作用，更好地发挥政府作用，让保护修复生态环境获得合理回报，让破坏生态环境付出相应代价。"节水优先、空间均衡、系统治理、两手发力"治水思路，聚焦治水中长期存在的不平衡问题，贯彻人与自然和谐共生的要求，总结国内外治水经验教训，以解决新老水问题的强烈忧患意识，深化对治水规律的认识，集中体现了新发展理念在治水领域的精准要求。

---

① 习近平总书记在中央财经领导小组第五次会议上的讲话，2014年3月14日。

四是全面落实"江河战略"，加强江河保护治理。江河是地球生命的主动脉，是人类文明的发源地。保护江河湖泊，事关人民群众福祉。习近平总书记站在战略和全局的高度，深刻洞悉我国国情、水情，确立国家"江河战略"，明确了新时代江河保护治理的方针、原则、方法、路径，科学回答了如何处理人口经济与资源环境均衡、流域与区域统筹、水资源与生产力布局适配等一系列重大战略和实践问题，为新阶段水利高质量发展提供了强大思想武器和科学行动指南。

黄河流经9个省（区），是我国重要的生态经济带、水资源保护区、生态安全屏障区，也是区域人口活动、文化交流、经济发展较为集聚的区域。然而黄河流域一直"体弱多病"，沿黄地区经济发展不平衡不充分、生态保护意识弱、自然资源消耗大、自然环境修复不到位、工业污染等问题长期存在。对当前黄河流域存在的一些突出困难和问题，习近平总书记从四个方面进行了概括：洪水风险依然是流域最大威胁；流域生态环境脆弱；水资源保障形势严峻；发展质量有待提高[①]。如何破解这一系列问题，广大水利工作者一直在寻找着答案。在探索中实践，在实践中探索，努力寻求人与自然和谐共生最优解。一是构建抵御自然灾害防线，保障黄河长治久安。紧紧抓住水沙关系调节这个"牛鼻子"，完善水沙调控机制，科学调控水沙关系；有效提升防洪能力，立足"防大汛、抗大灾"强化灾害应对体系和能力建设，有力保障人民群众生命财产安全。二是全方位贯彻"以水定城、以水定地、以水定人、以水定产"原则，全面实施深度节水、控水行动。针对黄河水资源短缺这个最大的

---

① 《习近平在深入推动黄河流域生态保护和高质量发展座谈会上强调 咬定目标脚踏实地埋头苦干久久为功 为黄河永远造福中华民族而不懈奋斗》，《人民日报》2021年10月23日。

绿意盎然的黄河河畔

矛盾，要坚持"以水定城、以水定地、以水定人、以水定产"，把水资源作为最大的刚性约束，严守水资源开发利用上限，精打细算，从严从细，开展全社会节水行动，推动用水方式由粗放向节约集约转变，走水安全有效保障、水资源高效利用、水生态明显改善的集约节约发展之路。三是大力推动生态环境保护治理，明显改善流域生态面貌。充分考虑上中下游差异，上游提升水源涵养能力、中游抓好水体保持和污染治理、下游开展河道滩区综合治理，保护河流和湿地系统，全面提升黄河生态功能。四是强化流域治理管理，推动黄河流域高质量发展。立足全流域和生态系统整体性，将黄河流域作为一个有机整体和基本单元，统筹上下游、左右岸、干支流治理管理。强化法治保障、河湖长制、数字孪生黄河建设，共同抓好大保护，协同推进大治理，让黄河成为造福人民的幸福河。

## 二、国外关于生态文明的论述

### （一）生态文明思想的发展历程

环境问题最早在西方社会产生，因此西方哲学家们较早被问题所引导进行生态意义上的哲学反思。欧洲的浪漫派诗人、作家最早萌发了"回归自然"的意识，呼喊人们回到自然中去，回到人的自然朴素的本真状态中去①，梭罗更是身体力行地复归原野，在自然中离群索居，将回归自然的呐喊变为了现实实践；法国学者施韦泽将自己的生态理念概括为一种"敬畏生命"理论②；美国的莱奥波尔德在野生动物研究基础上提出了"大地伦理"学说，全面阐述了非人类存在物的自我价值和权力③。马克思主张人与自然是辩证统一的，人类本身是自然界的一部分，自然界是人类的无机身体，人类通过认识自然和改造自然的实践，与自然发生关系并实现统一④。

1958年，一位名叫卡森的美国女海洋生物学家出版的《寂静的春天》向全世界敲响了生态危机的警钟，并掀起了影响至今的环保运动⑤；20世纪70年代末，以《生态哲学》《动物与伦理学》《环境伦理学》为代表的一系列专业性刊物陆续创立，美国的一些大学开始设置和生态思想相关的学习课程⑥。

---

① 余谋昌：《生态哲学：可持续发展的哲学诠释》，《中国人口·资源与环境》2001年第3期。
② 〔法〕罗曼·罗兰：《卢梭的生平与著作》，王子野，译，三联书店，1996。
③ 〔美〕奥尔多·莱奥波尔德：《沙乡年鉴》，侯文蕙，译，吉林人民出版社，1997。
④ 马克思：《1844年经济学哲学手稿》，人民出版社，1985。
⑤ 裴广川、林灿铃、陆显禄：《环境伦理学》，高等教育出版社，2002。
⑥ 〔美〕查尔斯·哈珀：《环境与社会：环境问题中的人文视野》，肖晨阳，等译，天津人民出版社，1998。

1972 年 6 月 5 日，在联合国第一次环境大会上颁布的《斯德哥尔摩人类环境宣言》，标志着世界环境日的确立；1987 年，《我们共同的未来》第一次提出了"可持续发展"的概念；1992 年，《21 世纪议程》颁布，"可持续发展"被定义为 21 世纪人类发展的最高主题。这标志着环境问题被全球范围公认，生态思想逐渐成为社会主流思想。

为持续推动可持续发展和生态环境保护，应对全球气候变化，2015 年，全球 178 个国家在法国巴黎签署了《巴黎协定》，对 2020 年后全球应对气候变化的行动做出统一安排。这标志着国际社会在生态文明建设方面已构建了统一协作框架，反映出各国在生态文明实践方面的共同责任和行动意愿。近年来，世界各国陆续出台碳达峰、碳中和实施方案，生态文明战略正式成为各国发展的主要战略之一。

（二）早期社会主义建设中的生态文明实践

在早期的社会主义建设过程中，列宁、布哈林的生态文明思想及实践内容，是俄国传统生态思想与马克思主义生态观相结合的产物，有很多值得我们学习和借鉴的地方。

列宁主义是马克思主义理论的重要组成部分。列宁的生态文明思想即生态自然观，包含四个核心观点[1]：一是强调自然规律对人类活动的基础性作用；二是呼吁人类利用自然规律合理改造自然；三是主张合理利用自然资源；四是提倡利用科技成果改善生态环境。在列宁的生态自然观影响下，早期苏联社会主义建设就开始注重对自然环境的保护，20 世纪 20 年代建立了自然保护区，并为生态学研究提供实验园；建立疗养地、城市休息区和市郊绿化区，并有专人保护和管理；制定环境保

---

[1] 董强：《马克思主义生态观研究综述》，《当代世界与社会主义》2013 年第 6 期。

护的相关法令，如《土地法令》《森林法》《关于自然遗迹、花园和公园的法令》等；注重计划经济对资源的合理利用，推动科学技术在生产活动中运用，提高社会生产效率。

布哈林作为联共（布）和共产国际的重要领导人之一，长期从事马克思主义理论研究。在生态文明思想上，布哈林继承了马克思主义自然观和辩证唯物主义的精髓，提出了平衡论。他将人类社会与自然界的有机组合看作一种体系的平衡，根据人对自然资源的开发利用情况的不同区分三种平衡状态，凸显合理利用和开发自然的重要性。

# 第三节　生态黄河建设的意义与时代价值

## 一、生态黄河建设的背景与现实意义

黄河是中华民族的母亲河，黄河流域是我国重要的生态屏障和经济地带，是能源、化工、原材料和基础工业基地，肩负保护与发展的双重压力。2021 年国务院印发《黄河流域生态保护和高质量发展规划纲要》，2022 年生态环境部等四部门联合印发《黄河流域生态环境保护规划》，2023 年《中华人民共和国黄河保护法》正式施行等，为黄河流域生态保护和高质量发展提供了行动指南和法律保障。

为贯彻落实党中央关于黄河流域生态保护和高质量发展重大战略部署，河南省提出要抢抓重大国家战略历史机遇，积极打造黄河流域生态保护和高质量发展示范区，制订印发了"四水同治"规划和工作方案、黄河流域水资源节约集约利用专项规划等，分阶段推进幸福河建设。

河南黄河河务局围绕幸福河建设目标，将"生态黄河"建设作为"幸

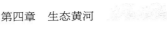

福河"目标的基础功能与重要组成部分。推动生态黄河建设，具有深远的历史意义和现实意义，此举是缓解水资源供需矛盾，实现可持续发展的必然要求；是破解流域生态脆弱问题，筑牢黄河生态屏障的关键所在；是推进绿色低碳转型发展，促进生态产品价值实现的重要路径；是维护黄河健康生命，推进区域协调发展的必由之路。

（一）缓解水资源供需矛盾，实现可持续发展的必然要求

水资源短缺是黄河流域最大的矛盾。黄河作为我国西北、华北地区重要的供水水源，黄河流域及相关地区经济社会发展的重要保障，黄河水资源总量仅占全国的 2%，却承担着全国 12% 的人口、17% 的耕地面积及沿河 50 多座大中型城市的供水任务。黄河水资源开发利用率高达 80%，远超一般流域 40% 的生态警戒线，水资源保障形势严峻，供需矛盾突出。1972—1999 年的 28 年间，黄河下游有 21 年出现了断流，平均 4 年断流 3 次。黄河下游频繁断流，造成局部地区生活生产用水危机，致使生态系统失衡，对经济社会可持续发展产生严重影响。为缓解黄河水资源供需矛盾和下游断流的严峻形势，1999 年国家开始实施黄河水量统一调度，通过行政、工程、经济、科技、法律的综合措施，实现了黄河连续 25 年不断流。但是，客观地讲，现阶段实现的黄河不断流还只是较低水平的不断流，枯水期只能维持其基本的生态流量，河流的生态活性不足，维护黄河健康生命依然任重道远。

开展生态黄河建设，有利于充分发挥黄河水资源最大刚性约束作用，促进沿黄区域在开发建设过程中严守水资源开发利用上限，全方位贯彻"以水定城、以水定地、以水定人、以水定产"的原则，将节水贯穿到生产生活的全领域、全过程、全方位，坚持节水优先、还水于河，确保黄河不断流，在年度来水满足条件的情况下，切实保障河道基本生

态用水。

（二）破解流域生态脆弱问题，筑牢黄河生态屏障的关键所在

黄河流域生态地位极为重要。黄河流域横跨青藏高原、内蒙古高原、黄土高原、华北平原等四大地貌单元和我国地势三大台阶，拥有黄河天然生态廊道和三江源、祁连山、若尔盖等多个重要生态功能区域，沿河两岸分布有东平湖和乌梁素海等湖泊、湿地，河口三角洲湿地生物多样，是连接青藏高原、黄土高原、华北平原和渤海的天然生态廊道，是事关中华民族生存发展的重要安全屏障。但黄河生态系统脆弱，人为活动与资源环境矛盾尖锐，一旦破坏，恢复难度极大且恢复过程缓慢，需要付出几倍、几十倍的代价。目前，黄河上游生态退化、水源涵养功能降低、中游水土流失依然严重，下游河口湿地萎缩，流域环境污染与生态退化问题交织等。

开展生态黄河建设，有利于推进沿黄地区生态系统一体化保护修

黄河流域生态保护

复，推进沿黄地区生态廊道和重要生态功能区域山水林田湖草沙综合治理、系统治理、源头治理，有效缓解生态退化难题，改善流域生态面貌。考虑上中下游差异，统筹上游维护天然生态系统完整性，提升水源涵养能力，铸牢"中华水塔"；中游抓好水土保持和污染治理，从源头上减少泥沙淤积；下游稳定河势，保护河道自然岸线与湿地生态系统，打造沿黄生态廊道，强化生态调度，相机实施生态补水，提升河流生态功能，缓解沿黄地区地下水超采现象。

（三）推进绿色低碳转型，促进生态产品价值实现的重要路径

黄河流域是维系全国乃至亚洲水生态安全命脉的腹地，是拥有世界意义的生物多样性关键地区，具有极其重要的生态和战略地位，是国家至关重要的生态安全保护屏障和生态产品供给地，在维护中国乃至亚洲生态平衡和生态安全上发挥着不可替代的作用。

当前，黄河流域面临巨大的生态环境保护和生态产品供给方面的压力，主要表现在以下几点：第一，流域生态的脆弱性，导致生态保护难度较大、生态修复成本较高；第二，流域各地区生态产品长期被无偿享用，生态产品价值未能充分实现；第三，沿黄地区拥有的生态系统由于流动性、弥散性和跨区域等特性，生态资产产权、受益主体、责任归属不清、权责不明、监管不到位[①]。

开展生态黄河建设，有利于推进沿黄地区生态环境修复，改善生态产品持续供给、人民生活质量提升和区域可持续发展。一方面，通过构建与资源环境承载能力相适应的产业政策，系统开展河流、冰川、湿地、森林、草原等生态系统保护与修复，保护生物多样性，能够有效促

---

① 李斌：《河南沿黄流域生态产品价值实现的现实困境与破解机制》，《区域治理》2021年第43期。

进流域区域立足自身资源禀赋，推进绿色低碳转型发展；另一方面，通过深入研究黄河流域生态产品的内涵、种类、价值，以及生态系统生产总值等相关概念，利用黄河两岸优质的生态环境和条件，打造绿色生态产品品牌。借助黄河生态提供的清新空气、适宜气候、优质土壤等宜人环境以及黄河文化等优势资源，不断探索生态旅游、生态康养、生态教育、生态科普等生态产品价值实现模式，最终平衡发展与保护的关系，缓解区域人地矛盾，实现经济效益、社会效益和生态效益的最大化。

（四）维护黄河健康生命，推进区域协调发展的必由之路

黄河是沿黄8省（区）（除四川省外）和华北地区主要的过境水源，是沿黄城市的供血动脉，是维护国家粮食安全的保障线，是沿黄群众生活的生命线，是维持和改善沿黄地区生态环境的关键因素。目前，黄河水资源已在农业、工业、生活、公共用水、环境、水旅游等领域发挥了不可代替的作用，成为经济社会可持续发展和维系生态平衡的重要基础。生态保护与高质量发展协同推进，是黄河流域各省（区）的时代使命，其双重价值诉求密切关联，具有高度的相互依赖性。推动黄河流域高质量发展的新路子在于实现生产—生活—生态之间的协调，实现地区物质与生态上的富裕，有效实现生态资源、生态产品、生态环境的惠民、利民、为民，满足人民对于物质丰富度、精神愉悦度、生态欣赏度等方面日益增长的需要。

开展生态黄河建设，有利于强化黄河水资源的科学高效利用，维持黄河流域和沿黄地区地下水适宜水位，缓解地下水超采；维持河道生态基流和江河、湖泊、洼淀、湿地适宜水面面积，保持河道泥沙冲淤平衡，修复黄河下游生态廊道，保障生态功能持续稳定。以绿色经济带的规划建设来实现流域的生态经济发展，兼顾生态保护和经济发展，兼顾

本土发展和区域均衡,在保护生态环境基础上探索区域高质量发展之路,进而全方位提升黄河流域居民的生活质量,增强其获得感、幸福感和安全感,实现生态惠民、利民、为民,推动区域实现共同富裕的进程。

# 第四节　生态黄河建设的主要做法及成效

## 一、河南省黄河水资源与引黄受水区基本情况

### (一)河南省黄河水资源概况

黄河自陕西省潼关县进入河南省,西起灵宝市,东至台前县,流经三门峡、洛阳、济源、郑州、焦作、新乡、开封、濮阳等 8 个省辖市 28 个县(市、区),于濮阳市台前县张庄流入山东省,沿途有伊洛河、蟒河、沁河、天然文岩渠和金堤河汇入,河道总长 711 公里,流域面积 3.62 万平方公里,分别占黄河流域总面积的 4.8%、河南省总面积的 21.7%;其保护和受益地区涉及河南省 13 个省辖市 105 个县(市、区),面积达 9.6 万平方公里,占全省面积的 57%。

河南省属北方缺水省区,多年平均水资源总量为 413 亿立方米。全省人均水资源占有量为 440 立方米,为全国的 1/5,世界人均的 1/20。全省水资源数量少,时空分布不均衡。河南境内多年平均河川径流量为 47.3 亿立方米,多年平均浅层地下水资源量为 34.1 亿立方米,扣除因地表水、地下水相互转化的重复计算量 21.7 亿立方米,河南黄河流域多年平均水资源总量 59.7 亿立方米。

### (二)河南引黄受水区基本情况

河南省引黄受水区包括河南省北部、西部、东部大部分地区,涵

盖了郑州市、开封市、洛阳市、平顶山市、安阳市、新乡市、焦作市、濮阳市、许昌市、三门峡市、商丘市、周口市及济源国家产城融合示范区，受水区涉及粮食生产核心区、中原经济区、郑州航空港经济综合实验区、郑洛新国家自主创新示范区、中国（河南）自由贸易试验区等五大国家战略及郑州市国家中心城市的建设，是全省主要的经济社会发展区域。

河南省 13 个黄河干流引黄受水区总面积 9.25 万平方公里（占全省面积的 55.5%）；2021 年人口总量 6718 万人 [ 占全省总人口（9883 万人）的 68.0% ]，全年 GDP 总量 4.29 万亿元 [ 占全省总 GDP（ 5.89 万亿元）的 72.8% ]。河南引黄受水区多年（2012—2021 年）平均水资源总量为 142.99 亿立方米，仅占河南省多年平均水资源总量（341.82 亿立方米）的 41.83%；但引黄受水区多年平均总人口为 6594 万人，占河南省多年平均总人口（9765 万人）的 67.53%，在人均水资源量方面，河南引黄受水区多年人均水资源量为 216.5 立方米，仅为河南省多年人均水资源量（349.21 立方米）的 62%，为全国多年人均水资源量（2100.36 立方米）的 10.31%。经分析，2021 年河南省引黄供水区总用水量 149.28 亿立方米，万元 GDP 实际用水量为 34.84 立方米（当年值），万元工业增加值用水量 13.07 立方米，人均综合用水量 222.21 立方米，农田灌溉亩均用水量 166 立方米，灌溉水综合有效利用系数大于 0.611，节水水平全省领先。

人多水少，水资源时空分布不均，是黄河供水区水资源的主要特点。近年来，河南沿黄经济社会发展对水资源的刚性需求呈增加趋势，缺水与发展成为引黄受水区面临的新常态。为保障粮食生产和城乡供水安全，引黄供水区大量开采使用地下水。目前，全省地下水超采区主要集中于引黄供水区，形成了温县—孟州、安阳—鹤壁—濮阳、新乡小冀等较大漏斗区，其中最大浅层地下水漏斗区为安阳—鹤壁—濮阳，漏斗区面积达 6760 平方公里，中心埋深达 40.41 米，受水区地下水超采严重。

河南黄河以有限的水资源作为引黄受水区重要水源地，保障了沿黄群众生活用水，保护着沿黄地区生态环境，支撑着受水区经济社会发展，同时还承担着缓解沿黄地区地下水超采现状、助力区域协调发展的重要任务。

着力推进"生态黄河"建设，实现人与自然和谐共生，是贯彻习近平总书记生态文明思想与黄河保护治理重要论述的主要措施，也是实现幸福河建设目标中健康水生态基础功能的重要手段，是推动河南生态保护治理和经济社会发展责无旁贷的使命。

## 二、河南省生态黄河建设情况

### （一）"四水同治"打造河南范本

在全省实施水资源、水生态、水环境、水灾害统筹治理的"四水同治"战略，是河南省在新发展阶段践行黄河流域生态保护和高质量发展重大国家战略的河南实践。2018 年，河南省政府召开"四水同治"动员大会，剖析新老水问题，指出河南省水资源不足是突出短板，水生态退化是潜在威胁，水环境污染是最大心病，水灾害多发是严重危害，提出"四水同治"，统筹治理水资源、水生态、水环境、水灾害，推进水利现代化步伐。

针对黄河和各重要支流水量不足、水质不优、河岸不绿、道路不畅等问题，河南省持续推进"四水同治"工程建设项目，实行综合治理，按照中游"治山"、下游"治滩"、受水区"织网"的思路，分区分段施策，强化水资源的利用效率与效益，建设"一轴两翼三水汇流"的水资源节约集约利用先行区。通过实施引水补源、河道治理、生态绿化、完善路网等工程措施举措，治理成效明显。其中，洛阳市以"四河同治五渠联动"为抓手，谋划实施了248个"四水同治"项目，切实解决了境内黄河重要支流洛河、伊河、涧河、瀍河四河长期以来断面流量严重不足、水质较差、水生态脆弱等问题，推进四河成为"水清、岸绿、路畅、惠民"的生态河。

（二）"五水综改"为"生态黄河"建设增添活力

2022年，河南省委、省政府立足河南省省情水情，谋划推动水源、水权、水利、水工、水务"五水综改"，是继"四水同治"后治水兴水工作的又一重大突破，通过优化水源配置、建立完善水权交易机制、创新水利治理体系、充分发挥水利工程综合效益，逐步实现城乡供水水务一体化。在贯彻"以水定城、以水定地、以水定人、以水定产"原则的前提下，建成集约高效的水资源配置体系，为区域生态保护和经济社会发展提供水资源支撑。

针对制约黄河流域生态保护和高质量发展主要瓶颈的水资源短缺问题，河南省完善引黄水网，逐步夯实水资源优化配置和统筹调度基础。在供水能力不足的地区，科学规划、有序建设一批水源工程，形成水源调节互补的供水保障体系。充分利用沿线已有河库，合理新建连通工程，以黄河为轴线，以伊洛河、卫河、贾鲁河等为骨干，加快引黄渠系与自然水系连通工程建设，助推沿黄生态经济带发展。全面提高黄河水资源调蓄利用能力，实施167处引黄调蓄工程建设。实现"相机引水，适时存放"，达到"丰蓄枯用、常蓄应急"和引黄调蓄系统化的目的，解决引黄灌区面临的水资源时空分布极不均衡、供需水过程不完全匹配带来的缺水问题，提高了引黄水资源利用效率，同时补充了地下水源，促进了生态环境的改善。

（三）持续推动引黄水利工程建设

近年来，河南引黄供水快速发展，为黄河水资源开发利用拓展了广阔的空间。供水规模不断扩大，供水覆盖面逐步提高，社会效益持续扩展。引黄供水不仅成为河南国家粮食核心区建设的主要基础支撑，同时为华北地区地下水超采综合治理提供了水源，成为改善沿线水环境、压减地下水开采量的重要基础性资源。近年来，河南省持续推动引黄水利基础设施建设，谋划推动了河南省小浪底北岸灌区工程、小浪底南岸灌区工程、西霞院水利枢纽及输水工程和赵口引黄灌区二期工程四大灌区工程建设，四大灌区水利工程建设是河南省粮食核心区建设规划中确定的重要大型灌区工程，分别列入国家 172 项重大水利工程项目。四大灌区建成后将直接灌溉 400 万亩农田，年增产粮食 4 亿千克以上，将为提高黄河供水区粮食综合生产能力、促进沿黄地区地下水超采治理，遏制地下水生态环境恶化、改善沿黄水系生态环境提供坚实的基础。

## 三、黄河河务部门生态黄河建设探索与实践

党的十八大以来，河南黄河河务局认真贯彻习近平总书记"节水优先、空间均衡、系统治理、两手发力"治水思路，自觉践行习近平生态文明思想，立足河南黄河保护治理的系统性、整体性，统筹河南黄河不同河段、不同区域、不同时期的水资源需求，在黄河水资源供需矛盾日趋紧张的情况下，通过科学调度与严格水资源监管，不断提升黄河水资源节约集约利用水平，持续助力黄河河道生态环境改善、雄安新区建设、华北地下水超采综合治理以及沿黄地区经济社会可持续发展，奏响

濮阳市范县彭楼引黄闸

了"生态黄河"和谐乐章。

（一）科学调度黄河水资源

为缓解黄河水资源供需矛盾和遏制黄河断流形势，1999 年以来黄委对黄河水量实施统一调度，保证了黄河流域各省、自治区、直辖市的城乡居民生活用水和工业用水，兼顾了农业关键期用水和其他用水，并完成了向河北省及天津市远距离应急调水任务。2006 年，为适应新形势需要，国务院出台了《黄河水量调度条例》，进一步明晰了黄河水量调度主体责任，建立了完整的水量调度管理体系，健全了黄河水量分配制度，为水量调度计划、调度指令和调度方案的实施提供了保障[1]。

河南黄河河务局按照《黄河水量调度条例》的有关规定，负责黄河干流河南段年、月、旬用水计划建议申报、用水计划执行与下达以及

---

[1] 李斌:《河南沿黄流域生态产品价值实现的现实困境与破解机制》,《区域治理》2021年第43期。

中牟沿黄生态廊道

在总量控制范围内实施日常水量调度及日常监督、保障断面流量达标等工作。为切实保障黄河河南段水量调度的科学性、精准性，依据各地市黄河可供水量控制指标，按照确有需要、生态安全、可以持续的原则，在节水优先及用水总量控制前提下，统筹配置生活、生态、生产用水，严格调度计划执行监督管理，提升黄河水资源利用效率，不断复苏河道生态环境，确保黄河功能性不断流。

1. 实施黄河下游生态调度，复苏河道生态环境

国家实施黄河水量统一调度以来，初步遏制了1972—1999年黄河下游21年断流的现象，调度管理效益凸显。

为进一步落实习近平生态文明思想，2017年以来，协同配合小浪底水库4—6月泄流过程，积极开展了黄河下游生态调度实践，精细设计调度方案，形成有利于鱼类等水生生物繁殖、生长、洄游的75~1000立方米每秒的适宜流量过程，塑造了维持下游生态廊道功能

的 2600～4000 立方米每秒的大流量过程。

2019 年以来，黄委在常规调度管理的基础上积极探索流域生态保护的有效途径，实施了全流域生态调度。河南黄河河务局结合河南黄河干流调度管理实际情况，组织编制年度生态调度实施方案，明确调度目标、调度时段、调度手段等，开展黄河河南段干流生态调度工作，以花园口断面流量不低于 200 立方米每秒为生态流量控制指标，实现黄河功能性不断流。

2. 实施生态补水，助力流域生态环境改善

受历史演变、人类活动和气候变化影响，一定时期以来，河南省贾鲁河及其支流、卫河及其支流、惠济河（古汴河）、大沙河等 20 多条河流及湖泊水资源严重短缺，部分河段断流、干涸，水生态损害、水环境污染问题突出。

为恢复沿黄周边河流湖泊生机活力，助力母亲河复苏行动，修复沿黄河湖生态环境，河南黄河河务局根据水利部有关批复精神，将河道外生态补水纳入黄河水量统一调度管理，在调度中统筹各地生活、生态及生产需求，科学编报月旬用水计划建议，加强用水计划执行监管，在分配的引黄用水指标内，通过节约生产用水，预留部分水量用于河道外重点地区生态补水。

河南黄河河务局积极向黄委申请河道外生态用水指标，利用好丰水期调度年水源充足有利形势，积极与沿黄受水区政府及水利部门对接，利用现有引黄工程及灌区渠系，在农灌间歇期及汛期实施地下水回补；持续对沿黄二十多条河流及重要湿地实施生态补水，保障河流生态基流，复苏沿黄地区河道生态；利用水系连通以及灌区工程，增加河道地下水回补入渗量，压减地下水开采量，持续助力沿黄受水区 9 市 16 县地下

水超采治理。2019 年以来，已累计向河道外引黄受水区实施生态补水 24.6 亿立方米，有力支持了沿黄地区生态文明建设。

3. 组织实施引黄入冀补淀跨区调水

引黄入冀补淀工程是国务院确定的"十二五"期间 172 项重大水利工程之一，该工程于 2016 年开工建设，2017 年 12 月建成并试通水，工程输水线路全长 482 公里（河南 84 公里、河北 398 公里），自濮阳渠村引黄入冀补淀渠首闸引水，经第三濮清南干渠至清丰县阳邵镇苏堤村，穿卫河倒虹吸进入河北省邯郸市东风渠，向下连接南干渠、支漳河等，经任文干渠，最终流入白洋淀。受益区域为河南省濮阳市，河北省邯郸、邢台、衡水、沧州、保定 5 地市，总受益面积 465 万亩（河南 193 万亩、河北 272 万亩）。

引黄入冀补淀渠首闸

2017 年 11 月引黄入冀补淀工程试通水，2019 年 7—10 月首次实施汛期调度，供水期限由原"冬四月"向全年度时段扩展。2021年水利部调水司启动了跨流域、跨省区大中型调水工程调度计划编报下达工作，当年按照自然年编报下达了2021年该工程年度用水计划方案。在水利部调水司指导下，经近几年不断探索完善，引黄入冀补淀工程调度模式逐渐成熟并稳定。

渠村引黄入冀补淀渠首闸位于黄河左岸大堤桩号48+850处，设计流量100立方米每秒，为2联6孔涵洞式水闸，卷扬式启闭机。自2017年12月工程试通水以来，累计向河北调水27.76亿立方米，实现入白洋淀3.49亿立方米，相当于25个西湖的水量。引黄入冀补淀工程是自河南省濮阳市向河北省东南部农业供水、地下水补源及白洋淀生态补水的战略工程，是河南、河北两省互利共赢的民生工程，也是支持雄安新区生态建设的重要基础工程，对缓解华北漏斗区地下水位持续下降、改善冀东南水生态环境发挥了重要作用。

（二）严格水资源管理

2012年，国务院发布了《关于实行最严格水资源管理制度的意见》，明确了水资源管理"三条红线"的主要目标，提出具体管理措施，实施省区水资源开发利用情况考核。自黄河流域生态保护和高质量发展上升为国家战略以来，为持续推动水资源节约集约利用，河南省持续强化取水许可管理与水资源刚性约束，陆续出台了《河南省取水许可管理办法》《河南省取水许可和水资源税征收管理办法》等一系列法律法规与规章制度，对贯彻最严格水资源管理制度、落实"以水定城、以水定地、以水定人、以水定产"原则，强化取用水监督检查做出了详细的规划与部署。河南黄河河务局作为河南黄河水行政管理的职能部门，承担着流域省内黄河干流取水许可的日常监管、水资源监督检查、水资源论证管理、

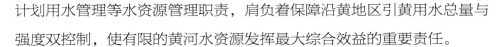

计划用水管理等水资源管理职责，肩负着保障沿黄地区引黄用水总量与强度双控制，使有限的黄河水资源发挥最大综合效益的重要责任。

### 1. 强化用水总量控制

1987 年，国务院批准的《黄河可供水量分配方案》（简称"八七"分水方案），明确了黄河正常来水年份 11 省（区、市）黄河耗水量指标。2009 年，河南省按照"八七"分水方案制订的《河南省取水许可指标细化方案》，将黄河干支流细化指标分配到沿黄 13 个地市行政区。

将按照"八七"分水方案制订的《河南省取水许可指标细化方案》作为河南省黄河水资源开发利用总量和上限的依据，全面统筹生活、生态和生产用水，严格计划管理，确保用水总量控好。推进实现计划用水全覆盖，管辖范围内各引黄取水工程全部纳入计划管理，各地市行政区域和各引黄取水工程严格按照批复的取水指标进行取水；与地方水利部门建立了较为完善的用水计划沟通会商机制，引黄用水计划符合沿黄地区用水实际；落实取水总量管理预警机制，推动各引黄灌区及其他用水户编制节约用水实施方案，确保各取水口门按许可总量和用途进行取水；在总量控制范围内，各引黄涵闸管理部门、灌区管理单位及取用水户用水需求得到满足。2014 年以来，河南黄河年度用水总量控制均达标，且用水总量稳中趋降。

### 2. 建立健全取用水准入机制

坚持"以水定城、以水定地、以水定人、以水定产"，建立河南黄河水资源刚性约束指标体系，制订印发了《河南黄（沁）河水资源刚性约束指标体系构建实施方案》，黄（沁）河水资源配置战略格局基本形成。实行流域水资源差别化管理，配合黄委对已经划定的河南黄河流域水资源超载地区暂停审批新增取水许可，沁河地表水超载地区焦作、济源两市，地下水超载地区开封、新乡、焦作、濮阳4市的8个县被暂停新增取水许可。严格水资源论证与取水许可管理，组织辖区取用水户依法实施取水许可证的登记及换证工作，全面完成引黄（沁）取水工程取水许可电子证照换发并推广应用。黄河水资源得到合理开发、高效利用和有效保护。

3. 严格取用水监督管理

开展各类取用水管理专项行动，对存在的问题强力推进整改，着力规范取用水行为；开展水资源管理日常监督检查，建立监管台账，实现监督检查全覆盖，以水资源论证、取水许可监督管理、计划用水管理等为手段，采取日常巡查、明察暗访、联合督察、年度检查等方式，持续加大水资源监管工作力度，对发现的违规取用水问题，及时督促整改；加强取水计量设施建设及运行管理，落实推进非农业取水口和大中型灌区渠首取水口计量全覆盖。以强有力的监管推动促进全面节水、合理分水、集约用水、科学供水。河南黄河水资源节约集约利用水平进一步提高。

（三）开展水利风景区建设

为挖掘水利风景区优势资源和水生态产品价值，紧扣高质量发展主题，对标建设幸福河湖新要求，依托河南黄河防洪工程、河道景观、生态林木、黄河文化等各类景观资源，努力打造了一批维护河流生态、展示工程雄姿、传播黄河文化的重要窗口，成为"生态黄河"的典型示范，当地"城市会客厅""最美水地标"，河南黄河的"文化名片"。

充分挖掘、优化、整合河南黄河现有水利风景资源、水环境资源、历史文化资源，紧密依托黄河水利工程，通过连点成线、以线带面，优化升级一批，挖掘培育一批，巩固提高一批，在黄河左右岸高标准建设水利风景区，推动形成河南黄河水利风景区风光带和高质量发展集群。

郑州花园口事件记事广场

河务与地方政府紧密联系，将水利风景区建设融入地方经济社会发展，建立合作共建协调机制，探索实施"水利风景区＋"科普研学及文旅农康等发展模式，推动物联网、大数据、人工智能、数字孪生等现代信息化技术在景区服务中的应用。引进应用先进节水技术、节水器具和绿色低碳交通工具，发展绿色景区，全力打造国家水利风景区高质量发展"标杆景区"。

在加强水利设施保护与利用的同时，注重提升景区文化内涵和景观品质，深挖治黄历史遗迹、治黄文化遗产，统筹利用黄河水利工程、人民治黄精神、传统治河技术等多种文化形态，传承红色基因，赓续红色血脉，打造河南黄河文化展示平台，充分发挥水利风景区公益性属性，以提供更多生态产品为核心要求，为沿岸群众提供文化、休闲、游憩的空间，城乡人民群众的获得感、幸福感切实提高。

台前县刘邓大军渡河纪念广场

## 四、生态黄河建设成效

（一）实现了黄河连续 25 年不断流

1999 年以来，尽管黄河流域出现多次枯水年、特枯水年和连续枯水年，例如 2000—2002 年连续 3 年来水均偏枯 30% 以上，比断流最严重的 1997 年来水还少，但通过实施水量统一管理与生态调度，均确保了河道不断流，花园口断面从未低于 200 立方米每秒生态流量控制指标，省际高村断面流量每月均高于当月黄委下达的高村断面最小控制流量，也从未低于过该断面预警流量（120 立方米每秒）。黄河的断流问题得到解决，体现了中国政府治理大江大河的能力和执政管理水平。

（二）提升了河南黄河水资源节约集约利用水平

在黄河水量统一调度下，统筹保障河南沿黄工农业生产、经济生活及生态用水需求。黄河流域生态保护和高质量发展重大国家战略实施以来，各引黄工程累计供水 111 亿立方米，累计向河北调水 28 亿立方米、山东调水 1.6 亿立方米。
2024 年 6 月，应急抗旱调
度期间，河南黄河干流引
水流量达到 616.06 立方米
每秒，突破 1999 年黄河
水量统一调度以来的最大
历史记录（450.96 立方米
每秒），全力保障了农业
用水需求。坚持以有限的
黄河水资源不断支撑流域、
区域生态文明建设和经济
社会发展，引黄受水区万
元 GDP 用水量、万元工业
增加值用水量、农田灌溉
亩均用水量、居民生活用

郑州市区金水河畔

水水平等均处于全国及全省均值以上，沿黄地区水资源利用效率得到较
大提高。扭转了流域内各行政区域"水从门前过，不用都是错"的观念，
不仅改变了无序用水的局面，更限制了过去用水多、浪费多的地区用水，
促使沿黄地区在节水措施和产业结构调整上下功夫，提高用水效率，推
进节水型社会建设。

（三）促进了沿黄地区生态环境持续改善

通过生态调度，缓解了地下水位持续下降问题。例如，温县水利
局近几年地下水平均埋深数据显示，温县地下水漏斗区地下水位普遍上
升幅度在 1 ～ 2 米；河南黄河下游河道生态基流不断提高，洛阳瀍河、

涧河，焦作东孟姜女河，郑州金水河、贾鲁河，开封涧水河、马家河等20 多条河流河道生态得到修复，河道生态和局部水环境得到极大的改善；河道内湿地补水能力不断加强，干流河道内5 个湿地自然保护区（河南黄河湿地国家级自然保护区、河南新乡黄河湿地鸟类国家级自然保护区、郑州黄河湿地省级自然保护区、开封柳园口省级湿地自然保护区、濮阳县黄河湿地省级自然保护区）生物多样性不断丰富，生态功能得到明显改善；黄河鲤鱼、黄河鲶鱼等水生生物产卵场、索饵场、越冬场、重要栖息地和洄游通道生态系统基本功能得到保护与修复；为城市生态水系补水，有效加快了城市水系沟通和活水循环，满足了沿黄群众对美好水环境的向往。

（四）助推了华北地下水超采治理与雄安新区建设

引黄入冀补淀工程综合效益显著。本工程河北省受益区控制灌溉面积达到272 万亩，每年可增产小麦16.3 万吨、玉米16.3 万吨、棉花2.2万吨；工程每年向白洋淀实施生态补水的净水量为1.1 亿立方米，2021年白洋淀湖区水质全部达到Ⅲ类及以上标准，步入全国良好湖泊行列，水生态环境恶化的趋势得到遏制；截至目前，引黄入冀补淀工程已累计压采地下水6.39 亿立方米，工程区2022 年12 月底与2018 年同期相比地下水位回升0.2～21 米，长期超采地下水的局面得以缓解，白洋淀水位常年维持在6.5～7 米生态水位；引黄入冀减少了当地的灌溉成本、增加了农民收入、改善了当地生产生活条件。引黄入冀补淀工程有效支持了华北地下水超采与雄安新区建设。

（五）树立了高质量发展的"河南黄河品牌"

目前，河南黄河共建有9 个国家水利风景区，分别是黄河花园口水利风景区、开封黄河柳园口水利风景区、孟州黄河水利风景区、濮阳黄河水利风景区（渠村分洪闸黄河游览区）、范县黄河水利风景区、台前县将军渡黄河水利风景区、孟津黄河水利风景区、长垣黄河水利风景区、兰考黄河水利风景区，它们遍布河南黄河两岸，特色鲜明、遥相呼应，初步形成了河南黄河水利风景区发展集群。各风景区绿化覆盖率均达到95%以上，生态多样性得到保护，空气质量明显提升。黄河堤防、坝垛、涵闸的生态附加值不断提升。沿黄水利风景区成为沿岸群众近水、观水、亲水的重要平台与传播黄河文化的重要载体。水利风景区建设的"河南黄河品牌"得到展现。其中，黄河花园口水利风景区2021年获评首批国家水利风景区高质量发展典型案例，2022年荣获郑州市第二届"十佳地标打卡地"荣誉称号；兰考黄河水利风景区2022年成功入围国家水利风景区高质量发展典型案例。

郑州黄河防汛观测台

# 第五章　美丽黄河

人类逐水而居，文明因水而兴。治理水生态、保护水环境，关系人民福祉，关系国家未来，关系中华民族永续发展。黄河是中华民族的母亲河，黄河流域是中华文明的摇篮，在我国经济社会发展和生态安全方面具有十分重要的战略地位。

党的十八大以来，党和国家对保护治理黄河更加重视，从创新、协调、绿色、开放、共享的新发展理念，到"绿水青山就是金山银山"习近平生态文明思想；从"节水优先、空间均衡、系统治理、两手发力"治水思路，到"让黄河成为造福人民的幸福河"的伟大号召；从"共同抓好大保护，协同推进大治理"到"坚持山水林田湖草综合治理、系统治理、源头治理"，以习近平同志为核心的党中央把黄河流域摆在生态文明建设的重要位置，谋划开展了一系列根本性、开创性、长远性工作。

生态文明建设是一个复杂的系统工程，其核心是建立人与自然的和谐关系，因此不能仅仅将生态文明建设停留在对生态环境的保护层面，而是构建一个生态化的体系，实现经济、政治、文化、社会建设的全面生态化，这是生态文明建设的终极目标和实践指向。黄河保护治理作为生态文明建设的重要一环，擘画这一"美丽黄河"图景，必须立足于集政治、经济、社会、文化等于一体的生态体系，以生态文明建设为基础依托，致力实现经济健康繁荣、文化先进并蓄、社会和谐向上的新气象，在"自然—人—社会"有机体共生共荣的过程中，让黄河"造福人民"。

在推进中国式现代化建设的新征程中，黄河流域生态保护和高质量发展确立为重大国家战略，社会各界对黄河流域生态保护和高质量发展给予越来越多的关注。但是，黄河保护治理目前还存在一些亟待解决的问题，比如黄河滩区内湿地保护区、饮用水水源保护区、鸟类保护区、水产种质资源保护区以及基本农田等交叉存在，涉及行业监管的部门较多；河道"清四乱"、河湖水域岸线管理等任务艰巨复杂，需要加快推进立法普法、综合执法、多方管理保护的体制机制建设。

实现"美丽黄河"这一治理目标，要求我们要站在政治的高度、历史的深度、人民的角度、法治的维度，全面学习、深刻领会，准确把握习近平生态文明思想、习近平法治思想和习近平总书记关于治水特别是黄河保护治理的重要论述精神，把人与自然和谐共生作为发展方向，牢固树立法治理念、法治思维，立足新发展阶段、贯彻新发展理念、构建新发展格局，推动高质量发展，妥善处理黄河保护治理和高质量发展的各类复杂问题，办好新时代黄河的事情。坚持以人民为中心的发展思想，立足山水林田湖草沙一体化保护和系统治理，以涵养水源、保护河道、修复生态系统、提升生态功能、保障生态安全为目标，加大重点河湖保护和综合治理力度，加强中游水土保持、下游湿地保护和生态治理，强化黄河水域岸线空间分区分类管控，正确处理河道管理与自然保护地管理的关系，纵深推进河湖"清四乱"常态化规范化，规范河道采砂行为，加强地下水超采治理，依法依规高标准打造黄河流域绿色生态廊道示范区，不断满足人民群众对美好生活的需要。

# 第一节  古代典籍中关于美丽生态治理记述

中华民族向来尊重自然、热爱自然，在中国传统文化中包含着一系列关于尊重自然、保护环境的生态治理智慧，他们对人与天地自然关系的认知直至今天依然具有极其重要的意义。这些论断不但成为习近平生态文明思想传承与创新的重要素材，也为我们现在开展美丽黄河建设提供了重要的理论基础。

## 一、人与自然和谐共生

中国传统文化关于生态治理的论述主要体现在"天人合一"这一核心理念上，古人把它看作处理人与自然关系的最高准则，人应该尊重自然、爱护自然、顺应自然。

儒家学派中，强调人与人、人与社会、人与自然要达到和谐相生的状态，认为天、地、人是本质上同一的。汉儒董仲舒说："天人之际，合而为一。"国学大师季羡林对其解释为："天，就是大自然；人，就是人类；合，就是互相理解，结成友谊。"换言之，所谓"天人合一"，其本质是"天"与"人"要形成一个一致、一体、协调的完整系统，人与自然之间是"你中有我、我中有你"不可分割的关系，人与自然并非二元对立，而是一元统一的。[①] 这一生态思想注重人与自然之间的相互对象性之间的关系，主张在人类社会历史发展进程中，要对自然有敬畏之心、爱护自然，严格按照自然规律，自觉协调人与自然的关系，从而实现人类文明的全面协调可持续发展。道家与儒家相比，其"天人合一"

---

① 武晓立：《我国传统文化中的生态智慧》，《人民论坛》2018年第25期。

的思想表现为人与道的合一，老子认为道是万物创生的根源，是一切事物的载体，他说"道生一，一生二，二生三，三生万物""人法地，地法天，天法道，道法自然"。道家所阐述的道即是自然，但并不是我们所理解的自然界，而是万事万物自然而然的状态，也就是要遵循自然规律；要做到"无为"，不是什么都不作为，而是不能"妄为"，不要以人的客观欲望去无限探索自然，强调人们不要有太多奢望，要做到爱护自然，顺应自然发展。庄子认为天地与我都是"无"中生有的，万物与我同为一"气"，把天地与我概括为一个统一的有机整体。佛家与儒家、道家相似，也把天人关系视为佛教思想中最重要的部分，对中国古代的影响很大。佛家受中国传统道教影响，认为世间万物处在一个大的系统中，是一个不可分割的整体，人与自然是一体的。

## 二、人应该尊重自然界万事万物、顺应自然界万物发展规律

《易经》中提到，"天行健，君子以自强不息；地势坤，君子以厚德载物"，意思是天地最大包容万物，一切事物都是以大地为载体，君子处世也要像"坤"一样，应增厚美德，以厚德对待他人，这是古代人与人关系所体现出的一种道德伦理形式。这种道德伦理精神同样也要体现在人与万物之间的关系上，孟子说"劝君莫打三春鸟，子在巢中盼母归"，就是在表达对万事万物要有推人及物的情感关爱。《论语·述而》中"子钓而不纲，弋不射宿"的说法，体现的就是孔子对自然生命尊重与敬畏，人们应该爱惜一切生命，这种爱惜不仅是对自然生命的关心和爱护，更多的是对自然发展内在规律的尊重和保护，是把人与自然的关系升华到了生态伦理的准则。《礼记》中，"曾子曰，树木以时伐之，禽兽以时杀焉；夫子曰，断一树，杀一兽，不以

其时，非孝也"，提出按时节（自然规律）伐木狩猎，把对动植物生命的保护提升到天地之孝的高度，树木和动物成为和人们亲属一样，是值得道德关怀的对象。董仲舒将儒家爱人向爱物转变，道德关心从人的领域到自然界的领域，充分展现了儒家以"仁"为核心，以"爱物"为最终指向的生态伦理思想。道家在保护动物上虽没有提出明确的伦理思想，但其认为世界万物是平等的关系，同属一类，并无高低贵贱之分，侧面反映出人与万物所蕴含的生态伦理关系，就是人应该尊重自然界的万事万物、顺应自然界万物的发展规律，要做到爱护动植物生命，等同于把人和自然放在同等重要的位置，坚决抵制人处于统治者地位的错误观点。如老子的"故道大，天大，地大，人亦大。域中有四大，而人居其一焉""人法地、地法天、天法道、道法自然"等。佛家禁止人们"杀生"，把"杀生"位居五戒之首，素食、放生、不杀生，甚至反对砍伐树木，以"佛性"尊重和爱护一切动植物生命，它保护了资源、维护生态平衡。[①]

### 三、依据律例治理生态

中国古代很早就认识到人与环境的关系，形成诸多关于生态保护的政令和政论。

人类发展的早期，由于生产力水平低下，人们大多焚林而狩，竭泽而渔，饥则求食，饱则弃余，不知节用存储。随着历史的发展和人类的繁衍，才逐渐产生保护自然、储存资源的意识。据《史记·五帝本纪》记载，黄帝轩辕氏曾要求部落成员节用水火财物，这是我国较早有

---

① 王占瑜：《习近平生态文明思想演进历程研究》，大连海洋大学，2022。

文字记录的生态保护思想。随着历史的演进和社会的发展，人口数量不断增长，山川林泽消耗加大，为了更好地保护和利用自然资源，生态保护和治理的规定更加详细。如《管子·四时》中提到"春赢育，夏养长。秋聚收，冬闭藏"[①]，根据春夏秋冬四个季节提出不同的保护环境的要求，春季是万物蓬勃生长、繁衍生息的时候，不能捕猎、砍伐树木，到秋冬时节，方可杀之；《逸周书·大聚篇》有记载大禹在任时颁布一条禁令"春三月，山林不登斧，以成草木之长。夏三月，川泽不入网罟，以成鱼鳖之长"，也就是春天三个月，不得砍伐山林，以利于草木生长；夏天三个月，禁止到河里抓捕鱼鳖，以利于鱼鳖繁殖。可见，当时的人们已经意识到天气变化和万物生长的季节性，因此要求大家按照季节规律来例行农事，在生物的生长期不得破坏山林、逮捕鸟兽。《山海经》《淮南子·时则训》中也有一些关于生态环境保护的法律和禁令，甚至制定了捕鱼、捕猎、伐木的原则。诸如此类，说的都是要合理利用资源，促进人与自然的和谐发展。

　　春秋战国时期，人们对自然规律的认识更为清晰，对自然环境保护的认识也在不断发展和深化。《礼记·月令》将生态保护具体到每一月份，分"孟春之月""仲春之月""季春之月""孟夏之月"等13篇，针对不同的时间做出了不同的保护规定。如春天的第一个月，禁止砍伐山林，

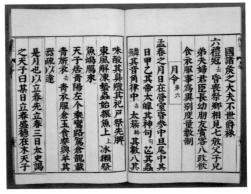

《礼记·月令》（第六）

---

① 曹立明：《〈管子〉"四时"观念的生态意蕴》，《三峡大学学报（人文社会科学版）》2017年第2期。

不能毁坏鸟巢、杀害飞鸟和幼虫胎卵，不可捕捉幼兽，不要聚集劳动力大兴土木。春天的第二个月，禁止淘干河流湖塘、焚毁山林。《逸周书》和《礼记·月令》等规定多对生态保护提出具体要求，即何者可以做、何者必须禁止，但对破坏环境的行为并未设定相应的惩罚性条款。较早的处罚措施见《韩非子·内储说上》，《伐崇令》《管子·地数》对破坏环境的行为也规定了比较重的惩罚。

秦之前，有关生态保护的措施还只是一种规范，自《秦律》始，我国便有了法律形式的自然保护条文。其中，《田律》规定：春天二月，不准到山林中砍伐木材，不准堵塞水道，不到夏季，不准烧草作为肥料，不准采取刚发芽的植物，或捉取幼兽、鸟卵和幼鸟，不准毒杀鱼鳖，不准设置捕捉鸟兽的陷阱和网罩，到七月解除禁令，只有因死亡而需要伐木制造棺椁的，不受季节限制。

早在西周王朝时期，统治者便设立了专门保护环境的职能机构"虞""衡"，山虞负责制定保护山林资源的政令，林衡则负责具体实施这些政令。泽虞、川衡和山虞、林衡的职责大体一致，只不过管辖的范围是河流沼泽以及这些地方的生物。到夏季时节，正值花草树木生长茂密之时，官府就命虞人到山林间巡视，严禁人们砍伐捕猎。西周不仅对山林川泽设专人管理，而且规定凡普通百姓，不种植树木的便没有棺木，可见西周对于种植和保护树木的重视。随着时代的发展和朝代的更替，生态保护的相应官职渐趋细化、完善。秦汉时设置少府，汉武帝时期设立水衡都尉，唐代设立虞部郎中和虞部员外郎。明清时期，职位设置进一步细化为虞衡清吏司、都水清吏司和屯田清吏司。虞衡清吏司负责山林川泽、冶炼等，都水清吏司管理陂池、桥道、舟车、织造等，屯田清吏司负责屯种、薪炭等事情。各朝代也都有相对应的机构和官吏，颁布了较为严苛的保护环境的法律法规作为准绳，对人们的肆意杀伐行为加以约束。

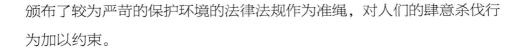

# 第二节　工业化以来的探索与研究

党的十八大以来，习近平总书记关于生态文明建设作出诸多重要论述。这些论述不仅关注人类认识和改造自然中的一般规律，还以当代工业文明和科学技术发展现状及其历史趋势为研究对象，所要揭示的是工业文明社会发展到一定阶段后如何建设人与自然和谐共生的现代化社会运行的特殊规律。

习近平总书记关于生态文明建设的重要论述是新时代马克思主义中国化的思想武器，并不是凭空产生的，而是延续和发展了马克思主义生态哲学思想，始终遵循马克思主义生态哲学中阐述的人与自然辩证关系，汲取生态危机思想和人类文明最终的价值取向观点，并立足我国基本国情而提出的。马克思主义生态哲学形成于早期资本主义发展时期，人类社会与自然界的关系问题是其最主要的论述部分，这两者作为一个有机统一的完整体，一直处于动态的平衡中。

## 一、生态危机产生的根源

生态危机是经济危机之后人类社会面临的又一个新的威胁。生态危机的出现不是偶然的，而是人类长期对待自然界的不当方式所引起的一种必然现象。马克思、恩格斯早在资本主义发展初期便意识到资本主义的发展必然会对生态环境产生威胁，他们在将这一问题置于社会历史条件下思考时，凭借敏锐的洞察力对解决生态环境问题的方法进行了深入讨论，提出了很多独到见解和富有借鉴意义的观点。生态危机是人类社会无节制的生产生活实践而产生的，最终的解决办法也只能通过改变其错误的生产生活方式为更加积极合理的方式。我们从马克思、恩格斯的生态哲学观中探索其精髓要义，可以以更加公平公正的方式处理好这一国际社会的共性问题。

人类社会与自然界是一个庞大的生态系统，遵循其蕴含的和谐性、系统性特点，才能在生态危机中取胜，用生态理性取代经济理性，超越传统工业的发展模式与逻辑，缓解生态危机带来的一系列难题，不断实现人与自然的和谐共生。

## 二、人与自然的辩证关系

马克思、恩格斯关于人与自然关系的认识，在他们撰写《1844 年经济学哲学手稿》时就已经做出了阐述，他们认为，"人靠自然界生活。……不外乎是说自然界同自身相联系，因为人是自然的一部分。"所以，马克思、恩格斯始终运用辩证唯物主义观点强调人与自然是辩证统一的关系，强调自然界是优先于人类存在的，其本原地位彰显了自然界是不可为人类所撼动的，它是社会存在与发展的前提和根基。

人类由自然孕育而生，人的生存与发展必须依赖自然界，要尊重其存在的巨大价值与迸发的强大能量。在马克思经典著作中常常将人与自然的关系描述为一种抽象的、确定的关系，在自然界与人类社会的密切关系中，人类是自然界发展到了一定阶段的产物，是经过了漫长的时间且在自然界的哺育中绵延至今的。人类社会接受了自然界的馈赠，也在进步与发展中不断促进自然界的更新迭代，在现实社会中不断将自然界更加具象化，但在相互作用的同时，人类社会与自然界的相互关系也发生了微妙的变化。作为自然界的产物，人类社会在发展过程中出现了凌驾于自然界之上的现状，人与自然的和谐关系被破坏，转而向对立的状态转变，这与马克思主义生态哲学的观点是相悖的。马克思认为人与自然相互统一的过程中，由于人类具有主观能动性才可以更好地从自然界获取资源，而人类不断改造自然甚至征服自然的行为也正是为了获取生存资料，但如果人类毫无节制地向自然界索取资源且毫不爱惜，则会遭到自然界的报复。

人与自然的相互关系中，我们既要看到人的主体作用，同时也应该强调自然界的客观存在性，在"自在自然"中探寻人与自然的本质关系，以劳动实践为中介，厘清人与自然的辩证统一关系。但是要注意的是，承认自然的先在性不是要求我们盲目地崇拜自然界，而是在与自然和谐相处的过程中遵循客观规律，遵循自然规律，科学合理地开发自然。

### 三、人类文明最终价值取向

探索马克思、恩格斯的生态哲学避免不了要对"两个和解"进行思考，而"两个和解"也深刻地反映了马克思、恩格斯在生态哲学中对人类文明最终价值取向的思考。在写完《共产党宣言》后，马克思着眼于资本主义生产方式进行了一系列深入研究，《资本论》一经发出便引起轰动。马克思在研究劳动价值论的基础上，不顾世俗眼光，大胆地揭示了资本家剥削工人的黑暗面，进一步阐释了剩余价值的本质及运行方式，而剩余价值学说也为"两个必然"的阐述奠定了坚实的基础，其中也蕴含着人类文明价值最终取向的深刻含义。

"两个和解"即马克思、恩格斯提出的"人同自然的和解"，以及"人同本身的和解"。对于"人同自然的和解",马克思、恩格斯始终认为,在人类社会与自然界的和谐统一中,人类社会作为依赖自然界而存在的一方,其生产生活实践必然要遵循自然规律,按规律办事,在接受自然界的馈赠时,应始终报以谦卑恭敬的态度,合理开发,取之有道。他们尤其强调不可打破生态系统的平衡,尊重自然的本性与规律。对于"人同本身的和解",马克思、恩格斯主要是从人与人、人与社会相和解的角度来理解,在资本主义社会中人与人之间的矛盾与冲突归根结底还是在于利益纠葛上,资本主义制度下,人性的贪婪在生存的斗争中不断展现出来,这是资本主义的本质决定的。因而资本主义的本质和根源如果无法得到"根治",那么人与人之间的矛盾与冲突就得不到解决,要想彻底终止这种恶性循环,就只有改变资本主义制度为一种统一计划协调的社会制度。当社会主义发展到共产主义时,人与人之间探寻的根本利益趋于一致,即可达到人同本身的和解。总而言之,人类社会发展到高级阶段(共产主义社会)时才能真正实现人与人之间、人与自然界之间的和解。

## 四、我国关于生态文明建设的探索

水生态文明是指人类遵循人水和谐理念,以实现水资源可持续利用,支撑经济社会和谐发展,保障生态系统良性循环为主体的人水和谐文化伦理形态,是生态文明的重要部分和基础内容。水生态文明建设是缓解人水矛盾、解决我国复杂水问题的重要战略举措,是保障经济社会和谐发展的必然选择。

中国共产党执政以来,始终将生态文明建设作为党的工作的重要内容,致力协调好人与自然、经济与生态关系的脚步从未停歇。

新中国成立初期，面对一穷二白、百废待兴的面貌，中国共产党根据实际情况，进行了诸多理论思考和实践探索。面对江河水患曾给广大人民带来的无穷灾难，中国共产党广泛开展"治理水患、兴修水利"，不但减轻了水旱灾害对人民群众的威胁，守护了人民群众的生命财产安全，还促进了工农业生产和经济的发展，改善了广大群众的生产生活条件，为生态建设积累了宝贵经验。

在改革开放和社会主义现代化建设新时期，中国共产党持续推进生态建设。这段时期，环境保护被确立为基本国策，可持续发展被纳入国家发展战略，形成了"保护环境的实质就是保护生产力"的重要认识，树立了尊重自然、顺应自然、保护自然的生态文明理念，主张统筹人与自然和谐发展，建设资源节约型、环境友好型社会，坚持走生产发展、生活富裕、生态良好的文明发展道路，生态建设取得重要成就。但一个时期以来，由于一些地方片面追求经济发展，"资源环境约束趋紧、生态系统退化等问题越来越突出，特别是各类环境污染、生态破坏呈高发态势，成为国土之伤、民生之痛"。如何扭转生态环境恶化趋势，成为关系中华民族永续发展的重要问题。[1] 在这一时期，中国共产党在探索生态文明建设的实践中，不断加快生态保护法制化进程，开始从多个方面制定法律法规和制度机制。1979 年 9 月，《中华人民共和国环境保护法（试行）》发布实施，此后一系列涉及水、海洋、大气、土地、森林等环境保护的单行法规陆续颁布，为保障社会主义生态文明建设有序推进发挥了重大作用。

进入新时代，以习近平同志为核心的党中央，发扬历史主动精神，

---

[1] 彭秋归：《从"绿化祖国"到"建设美丽中国"——习近平生态文明思想对毛泽东生态建设论述的接续探索与创新发展》，《毛泽东研究》2023 年第 5 期。

继承毛泽东等中国共产党人对生态建设的理论思考与实践探索，根据新阶段的发展要求，确立"建设美丽中国"目标，以前所未有的力度进一步推进生态文明建设，提出一系列新理念新思想新战略，形成了习近平生态文明思想，将我们党对生态建设的认识提升到了一个新的高度。2023 年 12 月 27 日，中共中央、国务院印发的《关于全面推进美丽中国建设的意见》指出，当前我国经济社会发展已进入加快绿色化、低碳化的高质量发展阶段，生态文明建设仍处于压力叠加、负重前行的关键期，生态环境保护结构性、根源性、趋势性压力尚未根本缓解，经济社会发展绿色转型内生动力不足，生态环境质量稳中向好的基础还不牢固，部分区域生态系统退化趋势尚未根本扭转，美丽中国建设任务依然艰巨。新征程上，必须把美丽中国建设摆在强国建设、民族复兴的突出位置，保持加强生态文明建设的战略定力，坚定不移地走生产发展、生活富裕、生态良好的文明发展道路，建设天蓝、地绿、水清的美好家园。

# 第三节  美丽黄河建设的意义与时代价值

## 一、美丽黄河的提出

"美丽黄河"的概念来源于"美丽中国"建设。面对资源约束紧迫、环境污染严重、生态环境系统功能减退的局面，党的十八大报告首次提出"建设美丽中国"，并把生态文明建设放在我国"五位一体"总体布局中。此时的"美丽中国"主要针对建设生态文明、保护生态环境而言。随着经济社会的进一步发展，中国特色社会主义进入了新时代，我国社会主要矛盾已经转化为人民日益增长的美好生活需要和不平衡不充分的发展之间的矛盾，人们不仅追求丰富的物质资料，而且追求更优美的生态环境。因此，党的十九大报告中提出建设"富强民主文明和谐美丽"的社会主义现代化强国目标，明确新时代中国特色社会主义生态文明建设的目标就是建设美丽中国；党的二十大报告对新时代新征程深入贯彻落实习近平生态文明思想、走绿色发展之路、以中国式现代化建设人与自然和谐共生的美丽中国作出了战略谋划和部署。《中共中央 国务院关于全面推进美丽中国建设的意见》提出"要锚定美丽中国建设目标，坚持精准治污、科学治污、依法治污，根据经济社会高质量发展的新需求、人民群众对生态环境改善的新期待，加大对突出生态环境问题集中解决力度，加快推动生态环境质量改善从量变到质变"，进一步明确全面推进"美丽中国"建设的总体要求和具体举措。

此时的"美丽中国"不是就"美丽"谈"美丽"，追求单纯的生态建设，而是有丰富的内涵和外延：首先，建设天蓝、地绿、水清的美丽中国，实现自然环境之美；其次，满足人民对新鲜空气、干净水源、安全食品和舒适宜居生活环境等更好生态产品的需求，实现优质生态产品之美；再次，坚持尊重自然、顺应自然、保护自然，推动可持续发展，着重关注民生问题，实现人与自然、人与社会的和谐之美；从次，加快生态文明体制改革，严格立法，公正执法，推动美丽中国建设的制度化、系统化、规范化，实现生态文明体制之美；最后，加强与世界各国生态交流合作，共同解决全球生态问题，实现全球生态共赢之美。因而，"美丽中国"建设理念主要包括自然环境之美，优质生态产品之美，人与自然、人与社会和谐之美，生态文明体制之美，全球生态共赢之美五个层面的美。"美丽中国"建设需从每一条河流做起，"美丽黄河"便是"美丽中国"在水利领域的集中体现和重要载体。

美丽黄河的提出是随着我国社会主义生态文明建设的不断向前推进自然而生的，宜居水环境是美丽黄河的表征，水环境质量是影响人居环境与生活品质的重要因素。建设宜居水环境，既要保护与改善自然河流的水环境质量，也要全面提升与百姓日常生产生活休戚相关的城乡水体环境质量，实现河畅、水净、岸绿、景美，让人民群众生活得更方便、更舒心、更美好。

美丽黄河就是在安澜黄河、生态黄河基础上的升华，是需要我们深度融合地方发展、汇聚多方合力、共同构建幸福河的优良状态。

## 二、美丽黄河建设的重要意义与时代价值

### （一）实现人与自然和谐共生

建设美丽黄河是马克思主义生态思想在现实中的运用和发展，是维护黄河健康生命、实现人水和谐的外在表现。习近平总书记指出，人与自然是生命共同体，人类必须尊重自然、顺应自然、保护自然。人是有生命的自然存在物，不能脱离自然而独立存在，不管是物质生活还是精神生活都同自然相联系、相依赖、相结合。自然环境的好坏直接影响人类的生产生活，必须努力寻找一个平衡点，在尊重自然规律的基础上进行人类活动，合理利用自然资源，防止人与自然关系矛盾激化。说到底，对自然的保护最终是对人类自身的保护，对自然的伤害最终也是对人类自身的伤害。历史充分证明，人与自然的这种相互作用是无法抗拒的根本规律，人类的任何实践活动都要建立在遵循这个规律的基础之上，因地制宜、因势利导、因时制宜。只有这样，我们才能实现人与自然的和谐共处。

江河湖泊是自然生态系统的重要组成部分，河湖健康是人与自然和谐共生的重要标志。河湖包括水，即河流、湖泊中的水体，也包括盛水的"盆"，即河道湖泊空间及其水域岸线。建设美丽黄河，核心就是要按照生态文明要求，通过生态、经济、政治、文化及社会建设，实现生态良好、经济繁荣、政治和谐、人民幸福。归纳起来就是要做好"水"和"盆"两方面的管理保护，通过水陆共治、综合整治、系统治理，改善黄河生态环境；按照节约优先、保护优先、自然恢复为主的方针，做到对自然界既讲索取更讲投入，既讲发展更讲保护，既讲利用更讲修复，有损于生态环境的事不做，有利于生态环境的事多做，努力走出一条生产发展、生活富裕、生态良好的文明发展道路，通过持续不断地建设，早日实现"让黄河成为造福人民的幸福河"这一宏伟目标。

（二）实现人民对美好生活的向往

推进美丽黄河建设是更好满足人民群众优美生态环境需要的重要举措。习近平总书记指出，良好生态环境，是最公平的公共产品，是最普惠的民生福祉。我国当前的主要矛盾已经转化为人民日益增长的美好生活需要和不平衡不充分的发展之间的矛盾。新时代我国社会主要矛盾发生了变化，除传统的祈望丰衣足食外，良好生态环境、优质生态产品，干净、整洁、优美的河湖生态环境成为群众更强烈的诉求和更美好的期盼。环境就是民生，青山就是美丽，蓝天也是幸福。空气、土壤、水、动植物等生态元素，与人民的日常生活息息相关，时时刻刻影响着人民的生活体验。生态好不好，老百姓感受最真切；环境美不美，老百姓最有话语权。只有坚持生态惠民、利民、为民，解决老百姓身边突出生态环境问题，让老百姓切身感受到生态环境质量改善，才是生态文明建设真正的出发点和落脚点。从民生角度建设美丽中国，要把人民利益放在一切工作的出发点，为人民创造良好的生产生活环境，让人民共享优质生态成果。

马克思说，人民是历史的创造者。习近平总书记指出，每个人都是生态环境的保护者、建设者、受益者，没有哪个人是旁观者、局外人、批评家，谁也不能只说不做、置身事外。建设美丽黄河，既需要党和政府把生态文明建设摆在全局工作的突出位置，持续深入打好蓝天、碧水、净土保卫战；又需要人民群众共同参与环境保护事业。需要人们在自觉意识中践行，使全体人民享有良好生态环境福祉，让人们在基本的生态需求上感受到幸福，让人们享受到高品质生态产品的美好，提高人们的获得感、幸福感和安全感。

推进美丽黄河建设的主要任务，都是针对当前群众反映比较强烈、直接威胁水安全的突出问题而提出的，把群众身边的河湖治理好，才能提供更多的优质生态产品，还给老百姓清水绿岸、鱼翔浅底的景象。建

安吉余村"绿水青山就是金山银山"石碑

设美丽中国要从建设美丽河湖、美丽堤坝、美丽岸线、美丽工程开始，使美丽之点连成线、线连成片、片连成面。通过增强全民节约意识、环保意识、生态意识，倡导文明健康绿色环保的生活方式，使每个人都为生态环境保护作出自己的贡献。

（三）实现社会主义现代化美丽强国建设目标

党的十九大报告首次将"美丽"纳入新时代的社会主义现代化建设目标，指出要把我国建成富强、民主、文明、和谐、美丽的社会主义现代化强国。党的十九届五中全会再次明确，2035 年要"广泛形成绿色生产生活方式，碳排放达峰后稳中有降，生态环境根本好转，美丽中国建设目标基本实现。到 2050 年，建成美丽强国"。全面建成包含美丽在内的社会主义现代化强国，承载着近代以来中国人民实现中华民族伟大复兴的夙愿和梦想。习近平总书记强调，迈向生态文明新时代，建设美丽中国，是实现中国梦的重要内容。21 世纪中叶，通过美丽中国建设，物质、政治、精神、社会、生态等各方面都有较大改善，全面形成绿色发展方式和生活方式，人与自然和谐共处，全面实现国家治理体系和治理能力现代化，建成美丽中国。

自然资源既有生态属性，又有经济属性，对待自然是保护为主还是开发优先，是一个重要问题。习近平总书记从分析生态文明建设的基本矛盾出发，以"两山"理念作为解决这一问题的基本思路。他以空前的使命担当和深远的历史眼光强调，"我们既要绿水青山，也要金山银山。宁要绿水青山，不要金山银山，而且绿水青山就是金山银山。我们绝不能以牺牲生态环境为代价换取经济的一时发展。"能不能处理好绿水青山和金山银山的关系，与人的思想观念和实践行为高度相关。绿水青山和金山银山在更高层次上构成了辩证统一、相辅相成的关系。"绿水青山就是金山银山"这一重要论断，是对经济发展和生态环境保护关系的重新界定，是对保护生态环境就是保护生产力、改善生态环境就是发展生产力的深刻揭示。就长远利益和广阔视野而言，绿水青山既是直接意义上的生态财富，也是间接意义上的经济财富。保护好了生态环境，才有人类经济社会活动的可持续发展，才能实现社会主义现代化美丽强国目标。

美丽黄河建设坚持习近平生态文明思想的指导，在生态文明建设的视角下正确适当地结合我国国情，实事求是地分析我国当前黄河保护治理面临的突出问题，综合现有理论实践成果，提出与之适应的实践举措。建设美丽黄河是实现社会主义现代化美丽强国的重要路径，是实现中国梦的重要内容，是贯彻落实习近平生态文明思想的具体体现。

保护黄河，功在当代、利在千秋。黄河是全世界治理难度最大的河流之一，历史上黄河以"善淤、善徙、善决"著称，经过几个世纪的治理，行政、法律、工程、科技、经济等手段并行并举，黄河逐渐成为一条安澜之河、美丽之河、利民之河、文化之河，黄河实现从不断流向全河生态调度的跨越，迈上幸福河建设的新征程。

总的来说，美丽黄河建设更加注重实现人、河、生态的和谐共生，符合中国国情和生态治理的实际需求。美丽黄河建设遵循客观规律、顺应时代潮流、符合人民所需，系统科学、逻辑缜密，其具有理论、实践双重价值意义。从理论维度上看，"美丽黄河"建设汲取了马克思主义生态哲学理念，吸收了中国古代生态治理智慧，贯彻落实习近平生态文明思想、习近平法治思想和习近平总书记关于治水特别是黄河保护治理重要论述精神，立足新发展阶段、贯彻新发展理念，是新时代开展幸福黄河河南段建设至关重要的任务之一；从实践维度上看，"美丽黄河"

建设要求调整和纠正人的错误行为，规范人类涉河活动，不断完善联防联控机制，巩固"清四乱"行动成果，打造河畅、水净、岸绿、景美的宜居水环境，努力实现人与黄河和谐共生，保障"美丽中国"建设落细落实，推动我国生态文明建设迈上新台阶。

## 第四节　美丽黄河建设的主要做法及成效

### 一、开展美丽幸福河湖建设

《中共中央 国务院关于全面推进美丽中国建设的意见》中提出，锚定美丽中国建设目标，要坚持做到全方位提升，重点推进美丽蓝天、美丽河湖、美丽海湾、美丽山川建设。水利部2024年全国水利工作会议提出"开展幸福河湖建设，完成7280条（个）河湖健康评价"。"美丽幸福河湖"就是能够维持河湖自身健康，支撑流域和区域经济社会高质量发展，体现人水和谐，为人民带来高满意度的河流湖泊。"美丽幸

沁河汇入黄河

福黄河"不仅包括持久的水安全，也要具有优质的水资源、宜居的水环境、健康的水生态、先进的水文化和科学的水管理。

开展美丽幸福河湖建设是贯彻推进美丽中国建设、提升河湖管护水平的重要抓手，美丽幸福黄河示范段建设是落实习近平总书记关于"让黄河成为造福人民的幸福河"的具体行动。2023年初，河南省委、省政府发布省第5号总河长令，省政府先后召开推进会、现场会，省河长办印发方案，在全省开展美丽幸福河湖建设，坚持"安全为本、生态优先、系统治理、文化传承"的基本原则，按照"持久水安全、优质水资源、宜居水环境、健康水生态、先进水文化、科学水管理"的标准，计划"十四五"期间全省建成不少于30条省级美丽幸福河湖和不少于300条市、县级美丽幸福河湖，推动河南河湖面貌全面提档升级，逐步实现"江河安澜、河通渠畅、水清岸绿、生态健康、人水和谐、景美文昌"的美好愿景。2023年10月，河南省水利厅、省生态环境厅联合印发《河南省美丽幸福黄河示范河段建设实施方案》，明确省级美丽幸福黄河示范段应是黄河干流及流域面积500平方公里以上的河流，原则上是省、市级河长负责的河流，河流连续长度不低于20公里，或库容大于1亿立方米的湖库，并设有市控以上监测断面；要求原则上每个省辖市（区）每年要完成1条省级和4条市、县级美丽幸福黄河示范河段建设任务，郑州、洛阳等河流基础条件较好的省辖市（区）可主动承担更多任务。

2023年，在省级美丽幸福河湖建设方面，河南省共有31条（段）河湖申报省级美丽幸福河湖，在淮河流域建成了平顶山湛河、驻马店确山县臻头河、信阳光山县潢河等10条流域幸福河湖，黄河流域黄河孟津段、沁河焦作段等"美丽幸福黄河示范段"建设已通过初验，建设长度796公里，新增达标堤防161公里，新建人工湿地水质净化工程20座、雨污分流管道 137 公里，新增河湖岸带植被 493 万平方米，新建便民设施 1233 个；市县级幸福河湖建设方面，截至 2023 年 12 月 1 日，全省基本建成 146 条（段）市级幸福河湖，150 条（段）县级幸福河湖，建设长度 2933 公里，新增达标堤防 607 公里，新建污水处理厂 96 座，新增河湖岸带植被 1550 万平方米，新建亲水平台 13.2 万平方米，"河畅、水清、岸绿、景美、人和"的美好景象初步显现。2024 年 5 月，河南省发布"2023 年度省级美丽幸福河湖"名单，10 条省级美丽幸福黄河、10 条省级美丽幸福河湖入选。展望未来，将有更多河湖成为"河畅、水清、岸绿、景美、人和"的美丽幸福河湖，人民群众对美好河湖生态的向往和获得感、幸福感、安全感将不断得到满足和提升。

原阳双井控导工程

## 二、严格河湖空间管控

河湖是水资源的重要载体，是生态系统的重要组成部分，事关防洪、供水、生态安全。空间完整、功能完好、生态环境优美的河湖水域岸线，是最普惠的民生福祉和公共资源。河湖管理范围是依法依规划定的河湖管理保护的"底线"，是河湖水域岸线空间管控的"红线"。《中共中央 国务院关于全面推进美丽中国建设的意见》提出"严格河湖水域岸线空间管控"。2024 年全国水利工作会议提出"严格河湖水域岸线空间管控，强化涉河建设项目全过程监管。纵深推进河湖库'清四乱'常态化规范化，以妨碍河道行洪、侵占水库库容为重点，全面整治河湖库管理范围内各类违法违规问题"。加强河湖水域岸线空间管控，是复苏河湖生态环境、实现人水和谐共生的重要举措。

近年来，河南省认真践行"节水优先、空间均衡、系统治理、两手发力"治水思路和"生态优先、绿色发展"理念，坚持以人民为中心，把保护人民生命财产安全和满足人民日益增长的美好生活需要摆在首位，统筹发展和安全，确保防洪、供水、生态安全，兼顾航运、发电、减淤、文化、公共休闲等需求，严格河湖空间管控。一是组织开展确权划界工作，完善河湖管理范围划定成果。2023 年 7 月，史灌河（河南段）完成自然资源确权登簿工作，不仅标志着由省级人民政府代理履职的史灌河（河南段）拥有了"户口本"，还是全国首批、河南省首例完成自然资源确权登簿的河流。截至 2023 年，河南黄河河务局 26 家基层水管单位直管河道和水利工程划界工作全部完成，水域岸线权责界线更加清晰、管理更加规范。二是严格管控各类水域岸线利用行为，开展黄河岸线利用项目专项整治，强化涉河建

水行政执法现场

2023 年水行政执法现场模拟演练比赛

设项目和活动事中事后监管，全面清理整治破坏水域岸线的违法违规问题，构建人水和谐的河湖水域岸线空间管理保护格局。三是严格分区管理与用途管制，持续统筹开展"清四乱""防汛保安""河湖管理水行政执法""妨碍河道行洪突出问题排查整治""水资源保护""河湖安全保护"等一系列专项整治行动，加大对侵占或毁坏堤防护岸等工程设施、"乱占、乱采、乱堆、乱建"等活动的严厉打击，坚决遏增量、清存量。四是加大日常巡查监管和水行政执法力度。2019 年以来河南黄河共开展巡查 1.8 万余次，巡查里程 72.58 万公里。五是强化河湖智慧化监管。深入推进"互联网＋"监管执法，紧扣防汛、水政执法主业需求，完成 15 处坝岸险情监测预警报警系统、4 处天眼巡河系统、采砂智能管理系统建设应用，提升智慧防汛、智慧执法支撑能力，在武陟黄（沁）河和黄河孟州段示范应用。充分利用大数据、卫星遥感、航空遥感、视频监控等技术手段，打造"天、空、地、人"立体化监管网络，为基层水管单位配备了卫星遥感、无人机航拍和视频监控等较为齐全的执法装备，实时在线监控敏感区域、重点河段和许可项目，推进疑似问题智能识别、预警预判，对侵占河湖问题早发现、早制止、早处置，提高河湖监管的信息化、智能化水平。

## 三、规范采砂管理

2024 年全国水利工作会议提出，"落实全国重点河段、敏感水域河道采砂管理'四个责任人'，全面推行河道砂石采运管理单制度，严厉打击非法采砂"。河道采砂管理是黄河保护治理的重要内容。河南省坚持疏堵结合，一方面，严厉打击非法采砂，以河湖长制为平台，持续压紧压实采砂管理责任，开展常态化巡查和靶向式重点督查，完善采砂联合执法机制，始终保持高压严打态势。按照水利部要求，组织开展黄河流域河道采砂专项整治行动和直管河段河道采砂专项检查，及时调查处理群众举报和舆情反映的非法采砂问题。黄河重大国家战略实施以来，共取缔非法采砂场 20 余个，清理采砂船 36 只，非法采砂得到有效遏制，河南黄河流域采砂秩序平稳可控、持续向好。另一方面，加强和规范直管河段河道采砂管理工作，合理有序开发利用河砂资源，以采砂管理规划为依据，严格年度采砂实施方案审查，加强河道采砂事前监管；明确直管河段采砂管理权限和采砂管理"四个责任人"，探索形成了"政府主导、河务牵头、治河引领、环保智能、联审联批、联防联控"采砂管理新模式，实现采砂管理关口前移；实行采砂管理台账制度，分级建立采砂管理台账，及时、准确掌握河道采砂管理动态；探索推行"政府主导、国企运营"管理模式，推动河道采砂规模化、集约化、规范化开采；实行砂石来源证明制度，实行砂石"采、运、销"全链条监督。

### 四、推进绿色生态走廊建设

绿色生态走廊是促进人与自然和谐共生、推进生态文明建设的重要举措。国家层面对于其已有明确政策要求，党中央、国务院印发的《黄河流域生态保护和高质量发展规划纲要》要求在黄河流域中游地区"积极推进生态廊道建设，扩大野生动植物生存空间"。《中华人民共和国黄河保护法》规定国家支持黄河流域有关地方人民政府"建设集防洪、生态保护等功能于一体的绿色生态走廊"。《国家水网建设规划纲要》将"构建重要江河绿色生态廊道"作为主要任务。水利部《加快推进新时代水利现代化的指导意见》中提出，"科学实施江河湖库水系连通，充分发挥河湖水系和水利工程作用，实现丰枯调剂多源互补，打造河湖生态廊道，构建现代水网体系"。

黄河生态廊道是河南省黄河流域生态保护和高质量发展的"先手棋"，也是贯穿河南的重要生态绿带。为确保生态廊道建设质量，根据黄河沿线地形地貌、水库岸线、城镇滩区等不同特征，区分黄河中游、下游两岸大堤内外等区段，河南省林业局专门出台了《沿黄生态廊道建设标准》。按照构建堤内绿网、堤外绿廊、城市绿芯的区域生态格局，河南省把黄河生态廊道建设工作放在全省黄河流域生态保护大局中通盘考虑，坚持因地制宜、分类实施，优化黄河生态廊道树种、林种和林分结构，打造沿黄森林生态网络，把黄河生态廊道建成绿色廊道、生态廊道、安全廊道、人文廊道、幸福廊道，打造河南新的"绿色名片"，筑牢幸福河的生态屏障。

2020 年，河南省沿黄生态廊道规划建设工程在郑州、开封、洛阳、新乡、三门峡、焦作、安阳、濮阳 8 市和济源产业融合示范区启动实施，

沿黄生态廊道 S312

通过点、线、面结合，省、市、县联动，推动全面实施山区生态林、乡村绿化、农田护林等大规模国土绿化工程，推进森林河南建设。具体包括生态涵养、湿地保护、田园风光、文化展示、旅游休闲、高效农业等功能的沿黄生态廊道建设工程 18 个，国土绿化面积 24.7 万亩，建设生态廊道 373.83 公里，投资额 170.85 亿元。

其中，郑州花园口示范段，突出"流动地景、自然共生"，投资 2.2 亿元，在 S312 以南，惠济区六堡村至八堡村之间，面积约 45.3 万平方米，构建流动地景的骨架和自然森林群落，再现茂林修竹的沿黄景观，实现"走黄河生态绿道，品华夏文化风情，赏共生流动地景，圆中原林茂鸿梦"的愿景。开封新区示范段，突出"田园风光、三季有花"，投资 1.8 亿元，自西湖龙首起，沿西干渠向北，至黄河大堤，面积约 90 万平方米，打造菊花生产基地、水塘岸线、水源地保护区相统一的复合型生态廊道。开封黄河大堤示范段，突出"生态美景、文化传承"，投资 4 亿元，自黑岗口控导工程起，沿黄河大堤至龙亭区陶庄村，面积约 150 万平方米，建设以文化为依托的复合型生态廊道。洛阳孟津示范段，突出"水天一色、河图之源"，投资 2.5 亿元，东连巩义，西接西安，面积约 1300 万平方米，将小浪底飞瀑、龙马负图寺、汉光武帝陵等沿线景点串珠成线、连线成片，打造集生态保护、绿化种植、运动休闲等功能于一体的生态廊道。新乡平原示范段，突出"河滩共赏、大美田园"，投资 17 亿元，在黄河北岸、黄河大堤以南，面积 1.26 亿平方米，打造花园、菜园、果园为一体的复合型生态廊道；具体是抓好"六大廊道"，即抓好 170 公里沿黄大堤生态廊道建设、66 公里沿黄河生态观光廊道建设、63 公里沿幸福渠穿滩公路廊道绿化、53

郑州黄河生态廊道

公里天然文岩渠生态廊道建设、300 公里沿高速高铁生态廊道建设、7 条进滩公路两侧绿化，形成纵横成网格局。三门峡百里示范段，突出"库岸一体、天鹅齐飞"，投资 5.5 亿元，改善河湖水生态质量，筑牢三门峡沿黄生态屏障。

河南黄河河务局科学规范黄河河道管理范围内的生态廊道建设，坚持把沿黄生态廊道建设与防洪治理、湿地保护、文化旅游、农业生产等一体谋划、协调推进，向沿黄六市一区人民政府、河南省林业局发送做好河南沿黄生态廊道建设管理的提示函，避免造成滩区生态保护遗留问题和黄河防洪隐患，切实保障黄河河道行洪安全和防洪工程水域岸线安全。坚持以黄河工程为主体，持续推进黄河堤防、涵闸、控导工程等生态建设，累计植树 220 万棵，荣获全国、全省绿化先进单位 20 家。2021 年底，黄河（河南段）右岸 710 公里生态廊道实现全线贯通，流域造林 10.7 万亩，串联黄河河道、滩区、黄河大堤防护林、自然保护地等，一条绿色、生态、安全、人文、幸福的复合型生态屏障初步呈现，形成千里画廊、生态长廊。

### 五、创新黄河保护治理协同机制

与其他区域发展战略相比，黄河流域横跨东、中、西三大区域，具有独特的地理区位、良好的发展基础以及优厚的历史文化，因此在国家整体区域发展格局中占有重要地位。黄河流域保护治理作为生态文明建设的重要一环，在新时代全面依法治国与美丽中国建设双重背景下，创新黄河保护治理协同机制，对实现党的二十大报告提出的"人与自然和谐共生式现代化目标"具有支撑保障作用。在时代更高标准的要求下，黄河治理与保护更需要多方参与，形成保护治理合力。

（一）河湖长制

河湖长制是习近平总书记亲自谋划、亲自部署、亲自推动的一项重大改革举措和重大制度创新。流域性是江河湖泊最根本、最鲜明的特性，决定了治水管水必须坚持流域系统观念，遵循自然规律。全面推行河湖长制，尊重江河湖泊自然属性，有利于贯彻全局"一盘棋"思想，流域统筹、区域协同、部门联动，以先进制度汇聚各方力量，通过构建责任明确、协调有序、监管严格、保护有力的河湖管理保护机制，为维护河湖健康生命、实现河湖功能永续利用提供制度保障。

自全面推行河湖长制以来，河南省坚持以人民为中心的治理理念，借鉴新时代"枫桥经验"，以群众路线推动河湖长制工作，形成了全域治水、全民护水、上下联动、同频共振的河湖管护新格局，把河湖长制变为"全民制"。在政府层面，建立省、市、县、乡、村五级河长体系，设立省、市、县三级河长办，由党政领导担任河湖长、18 个部门为河长办成员单位。在社会层面，聘请社会爱心人士、志愿者担任民间河长、

孟津铁谢险工

企业河长、乡贤河长，鼓励中小学生担任"河长青"，积极参与河湖管理保护，形成了"党政主导、河务牵头、部门联动、社会共治"的河南黄河保护治理新格局。

在河长制框架下，河南黄河河务局强化内协外联。对内，开展"大水政"试点工作，设置全国水利系统首家96322黄河水事服务号，设立报警点21个。2022年，在焦作武陟组织召开了"大水政"河道监管防控体系成果推广现场观摩会，推动全局"大水政"河道监管防控体系建设，初步构建了系统内部门联动、密切配合的河道管理和水行政执法的"大水政"格局。对外，强化与涉河相关职能部门的监管协调，完成了沿黄24个县（市、区）河长制框架下黄河河道管理联防联控机制建设，初步形成责任明确、部门联动、协同监管、齐抓共管的河道管理协作机制。

在河湖长制的积极作用下，针对河湖突出问题，河南省先后组织了整治河道非法采砂、河湖"清四乱"、妨碍河道行洪突出问题等系列专项整治行动，强力治"砂"、治"乱"、治"污"、治"岸"，重拳治理河湖乱象，依法管控河湖空间，严格保护水资源，加快修复水生态，大力治理水污染，河湖面貌发生了历史性改变，越来越多的河流恢复生命，越来越多的流域重现生机。通过这一系列的行动和全省上下的努力，基本恢复了河湖原有生态面貌，实现了河畅水清，提高了河湖"颜值"，提升了河湖行蓄洪能力，河湖管理实现了由"乱"向"治"的根本性转变。实践证明，全面推行河湖长制符合国情水情，是江河保护治理领域根本性、开创性的重大政策举措，具有强大制度生命力。

（二）行政执法与刑事司法衔接机制

《中共中央 国务院关于全面推进美丽中国建设的意见》指出，加强行政执法与司法协同合作，强化在信息通报、形势会商、证据调取、纠

《中华人民共和国黄河保护法》第一案在河南黄河第一巡回法庭宣判

纷化解、生态修复等方面衔接配合。2024 年全国水利工作会议提出，"完善水行政执法体制机制，加强执法能力建设，充分发挥水行政执法与刑事司法衔接、水行政执法与检察公益诉讼协作机制作用，强化部门协同、流域协同、上下协同，依法打击水事违法行为。"

　　近年来，河南省创新探索发展"河长＋"模式，大力推进"河长＋"改革，形成了全方位、多元化的工作机制。"河长＋检察长"模式打通了行政机关与司法机关的线索信息壁垒，强化了检察机关对河长及相关部门的法律监督；"河长＋警长"模式完善了行刑衔接机制，有效发挥了公安部门打击涉水河湖违法犯罪的威慑震慑作用；"河长＋网格长"模式拓宽了公众参与河长制的渠道，打通了河湖治理的"最后一公里"；"河长＋互联网"模式通过河长制信息管理平台，建立流域水系大数据，实现了智能化实时管理、一体化数据共享。通过借助司法力量，清理整治了郑州法莉兰童话王国、荥阳古柏渡飞黄旅游蹦极塔、豫鲁交界处黄河浮桥等一批重大涉河违建等"老大难"问题，良好河湖生态让人民群众获得感、幸福感、安全感显著提升。

与此同时，河南黄河河务局从水行政执法工作实际出发，坚持目标导向，以河南黄河水行政执法与公、检、法等司法机关行政执法与刑事司法衔接制度为着眼点，创新构建并实施"河务＋"工作机制，力求形成行政执法与刑事司法有效衔接，推动刑事司法力量源源不断地注入黄河治理保护中，为河南黄河保护治理提供了强大的法治保障。一是深化"河务＋法院"合作领域，协同河南省高级人民法院建立全国首个黄河流域环境资源案件集中管辖制度，制定印发了《河南省高级人民法院 河南黄河河务局关于服务保障黄河流域生态保护和高质量发展加强协作的意见》。会同郑州铁路运输中级法院开展"五项机制"，设立了法官工作室，建立黄河流域生态环境司法保护基地、巡回法庭 20 余处。二是丰富"河务＋检察机关"合作层次，与河南省人民检察院共同出台《河南省人民检察院 河南黄河河务局关于进一步加强协作配合推动黄河流域生态保护和高质量发展的意见》，设立了检察公益诉讼协作办公室；与河南省人民检察院郑州铁路运输分院制定印发《关于建立黄河流域水行政执法与检察公益诉讼协作机制的意见》，以法律监督促进河道综合治理。三是拓展"河务＋公安机关"合作范围，相继印发了《河南省黄河流域生态保护和高质量发展行政执法与刑事执法联动协作厅际联席会议制度》《河南河务局配合公安机关保护母亲河服务高质量发展严打严治行动工作方案》等制度，依照"调查研究、摸排梳理，严打严治、深挖彻查，部门协作、联动共治"的工作思路，河南黄河河务局及局属各级河务局积极与公安机关连年开展非法采砂联合执法活动。

"河务＋公检法司"工作机制，将河务部门在水行政执法中的单一力量与检察机关、司法机关、公安机关的综合力量相结合，形成多维度的执法司法合力，依法打击非法采砂、妨碍河道行洪突出问题以及"四乱"等问题，有力保障黄河河道行洪安全和沿黄群众生命财产安全。

## 六、推进流域治理管理法治化

奉法者强则国强，奉法者弱则国弱。强化体制机制法治管理是推动新阶段水利高质量发展的重要保障。《中共中央 国务院关于全面推进美丽中国建设的意见》指出，强化美丽中国建设法治保障，推动生态环境、资源能源等领域相关法律制定修订，推进生态环境法典编纂，完善公益诉讼，加强生态环境领域司法保护，统筹推进生态环境损害赔偿。2024 年全国水利工作会议强调，完善水治理体制机制法治体系。坚持目标导向、问题导向、效用导向，强化体制机制法治管理，不断提升水利治理管理能力和水平。立足新发展阶段、贯彻新发展理念、构建新发展格局、推动高质量发展，需要加快破解制约水利发展的体制机制障碍，构建更加完善的水法治体系，不断提升水利治理能力和水平。

一是不断完善河南黄河水法规体系。习近平总书记从生态文明建设的制度保障出发，深刻指出只有实行最严格的制度、最严密的法治，才能为生态文明建设

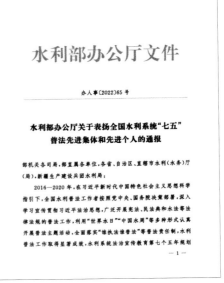

水利部办公厅关于表扬全国水利系统"七五"普法先进集体和先进个人的通报

《中华人民共和国黄河保护法》普法宣传活动

提供可靠保障。近年来，我国先后制定了《中华人民共和国土壤污染防治法》《中华人民共和国生物安全法》《中华人民共和国湿地保护法》《中华人民共和国长江保护法》《中华人民共和国黄河保护法》等法律，修订了《中华人民共和国固体废物污染环境防治法》《中华人民共和国森林法》《中华人民共和国土地管理法》《中华人民共和国野生动物保护法》等，初步形成了中国特色社会主义生态环境保护法律体系，为河流保护治理提供了法治保障。

河南省坚持立法先行，积极出台完善黄河保护相关地方性法规。1982 年 6 月 26 日，河南省首部黄河保护治理的地方性法规——《河南省黄河工程管理条例》顺利出台；2015 年 7 月 30 日，《河南省湿地保护条例》出台，设立"黄河湿地保护特别规定"专章，提出了黄河湿地的保护利用方式和要求；2016 年 11 月 18 日，《河南省黄河防汛条例》颁布实施，使各项黄河防汛从行政措施上升到法律手段。黄河流域生态保护和高质量发展重大国家战略实施以来，河南省加快推进黄河保护治理地方立法进程，以"小切口"立法服务保障黄河保护治理"大格局"。2021 年 9 月 29 日，河南省十三届人大常委会第二十七次会议表决通过了《河南省人民代表大会常务委员会关于促进黄河流域生态保护和高质量发展的决定》，内容共 16 条，涵盖生态保护修复、水资源利用、水污染防治等方面，把制度优势更好地转化为治理效能。2023 年 3 月 29 日，《河南省黄河河道管理条例》颁布实施，是沿黄 9 省（区）首部新出台的黄河保护法配套地方性法规。自此，以《中华人民共和国黄河保护法》为统领，以《河南省人民代表大会常务委员会关于促进黄河流域生态保护和高质量发展的决定》为重点，以《河南省黄河防汛条例》《河南省黄河工程管理条例》《河南省黄河河道管理条例》三个条例为主要内容，以《河南省湿地保护条例》等为补充的河南黄河水法规体系初步形成。2024 年，河南省人大常委会将《河南省实施〈中华人民共和国黄河保护法〉办法》列入河南省 2024 年度立法计划，推动黄河保护法全面有效实施、黄河重大国家战略落细落实，筑牢美丽河南生态强省建设法治根基。河南黄河"一办法、三条例"的水法规体系逐步完善。

二是全面推行行政执法三项制度。2023 年，河南省人民政府办公厅印发《河南省提升行政执法质量三年行动实施方案（2023—2025 年）》，在全省部署开展提升行

惠金黄河普法文化长廊

政执法质量三年行动，围绕六大方面重点任务，细化形成了 19 条具体工作举措，进一步规范各级行政执法部门行政执法行为，全面推进严格规范公正文明执法，加快推进法治政府建设，切实提升群众满意度。河南黄河河务局相继制定印发加强行政执法公示制度、执法全过程记录制度、重大执法决定法制审核制度全面推行工作方案，梳理确定了河南黄河三项制度内容、标准和清单目录，制定裁量基准及"三个清单"。依据新制定修订的法律法规，制定了河南黄河河务局《河道管理条例水行政处罚裁量标准》和违法行为从轻处罚、减轻处罚、免于处罚三个清单，修订了《河南省黄河河务水行政处罚裁量标准》《水行政处罚文书格式范本》，为河南黄河河务局行政处罚工作奠定了法律依据和技术规范、规程与标准。根据《中华人民共和国黄河保护法》新赋予的行政强制执行权，组织各级黄河河务部门梳理水行政执法（行政处罚和行政强制）事项清单，不断夯实执法基础。制定"明白卡"，明确"责任人"，组织 26 个基层水管单位制定河湖管理法定职责"明白卡"，逐级明确各单位水行政执法统计"五个责任人"，保障统计数据的真实性。通过严格规范公正文明执法，依法严厉打击水事违法行为，提升行政执法队伍素质，完善行政执法工作体系，增强行政执法保障能力，提高行政执法的权威性和公信力，为推进中国式现代化建设河南实践提供坚强法治保障。

三是不断加强普法依法治理成效。如果说制度建设是前提，那么如何落实好这些法律制度，成为依法依规开展黄河保护治理工作中的重要环节。为此，河南省深入贯彻习近平法治思想，始终将普法工作作为长期基础性工作大力推进，建立普法责任制单位普法责任清单、组建"百名法学专家普法讲师团"、培育 26.34 万名"法律明白人"、开设"法

焦作孟州法治文化苑

治号"地铁专列、把普法工作列入政府购买服务指导性目录，各地各部门围绕全省中心工作，深入开展法治宣传教育，大力弘扬社会主义法治文化，扎实推进多层次多领域依法治理，形成了党委领导、政府实施、人大政协监督、各部门高效联动、群众组织广泛参与的"大普法"工作格局，为现代化河南建设提供了坚强法治保障。省司法厅被司法部确定为全国唯一省级普法与依法治理工作联系点，4次在全国会议上作经验交流发言。

河南黄河河务局严格落实普法责任制，在执法中普法、在立法中普法。围绕习近平法治思想和《中华人民共和国宪法》《中华人民共和国民法典》《中华人民共和国黄河保护法》等法律法规，利用重要时间节点，大力开展法治宣传教育，大力弘扬社会主义法治文化，第一时间组织编写全国第一个官方普及宣传黄河保护法的读本——《〈中华人民共和国黄河保护法〉学法用法手册》，领导干部学法、普法讲师团宣讲走基层、"法律十一进"等活动常年不断开展。"八五"普法期间，河南黄河河务局紧盯领导干部、水行政执法人员、一线职工开展普法教育，中心组集中学法 500 余次，领导干部撰写署名文章和论文 100 余篇，举办法治讲座 400 余场次、专题培训班 30 余期、知识答题 200 余次、旁听庭审 50 余次，创作微视频、微动漫、微电影等法治文艺

"河南黄河法治文化带" 品牌标志

作品 290 余部（个），组织百余名新提拔干部宪法宣誓，实现全局领导干部述法考核覆盖率 100%，国家工作人员学法考法率 100%，沿黄受教育人数 760 余万人次。

# 第六章　富民黄河

夏商周以来，中国古代的明君贤臣为维护和巩固其统治提出了民本思想，主要表现为重民、贵民、安民、恤民、爱民等。该思想发展于春秋战国时期，定型于汉，在此后历朝历代虽有所演变，然其思想主旨始终没有变化。在中国古代典籍中记述了不同历史时期民本思想的发展轨迹，从《左传》到《梦溪笔谈》，再到《明夷待访录》，无不见证了中国传统民本思想的发展历程，形成了较为系统的理论体系。

"民本"情怀渊源已内化到中华民族的文化心理结构，从更深的层面上影响或制约着人们的思维模式和行为模式。其中，民本思想中的"富民"思想，给我国现代化建设与和谐社会构建带来很大启示。在推进中国式现代化建设的新阶段，我们坚持"共同富裕"的思想无疑是在中国传统民本思想的启发下提炼升华出来的。为此，我们必须始终把带领人民群众发展经济、共同富裕放在重要位置，必须继承和发展马克思主义分配思想，丰富和发展中国特色社会主义分配理论，促进社会分配公平正义，推动社会经济平稳健康发展。

坚持"共同富裕"与"按劳分配"为主体的社会分配制度充分反映了社会主义的本质特征，体现了坚持以人民为中心的根本立场。社会主义所有制以为人民服务为宗旨，让全体人民共享发展成果。习近平总书记指出，坚持以人民为中心的发展思想，把增进人民福祉、促进人的全面发展、朝着共同富裕方向稳步前进作为经济发展的出发点和落脚点。

党的十八大以来，以习近平同志为核心的党中央作出黄河流域生态保护和高质量发展的重大战略决策，发出了"让黄河成为造福人民的幸福河"的伟大号召，寄托了人民群众对美好生活的向往，强调了黄河治理的使命之一就是为人民谋幸福。

2021年，河南黄河河务局立足新发展阶段，梳理出了当前和今后一个时期河南黄河保护治理工作的总体思路、目标任务和举措，明确了实现"幸福河"目标是贯穿新时代黄河保护治理的主线。"富民黄河"则是发展之需，让沿黄群众过上富裕美满的幸福日子是使命和责任，也是幸福河的客观发展需要。

近年来，河南黄河河务局不断推动黄河保护治理和高质量发展，助推脱贫攻坚与乡村振兴有效衔接，对如何让黄河造福人民等问题进行持续深入思考，创新探索引领富民黄河的路径，在滩区居民迁建、引黄涵闸改建、生态农业建设等生动实践中，积极作为，克难攻坚，取得了显著成效。

# 第一节　古代典籍中的民本思想

## 一、民本思想的内涵与实质

民本，就是"以民为本"。本，原义为草木的根部，引申为事物在空间上的基础或时间上的开端，是其他事物存在不可缺少的条件。以民为本，意思就是人民是国家的根本，只有维护好这个根本，国家才会繁荣昌盛。

所谓民本思想，就是指中国古代历史上将民众视为安邦治国根本

孟子"民贵君轻"的思想

的政治学说，是一种关注、重视人民利益的政治学说。它重视、承认民众在社会经济、政治、道德生活中的重要地位和作用，反映了广大人民的愿望和要求，具有深刻的人民性和进步性。"民本"二字，首次见于《尚书·五子之歌》，"皇祖有训，民可近，不可下，民惟邦本，本固邦宁"①，民惟邦本应该称之为民本思想的源头。此后，又见之于《晏子春秋·内篇》，"卑而不失尊，曲而不失正，以民为本也"。《贾谊集·大政上》，"闻之于政也，民无不为本也，国以为本，君以为本，吏以为本，故国以民为安危，君以民为威侮，吏以民为贵贱，此之谓民无不为本也②。"刘昼《新论》，"衣食者民之本也，民者国之本也，民恃衣食，犹鱼之须水，国之恃民，如人之倚足。鱼无水不可生，人失足必不可以步，国失民亦不可以治"。谭嗣同《仁学》，"因有民而后有君，君末也，民本也"。孔子说"节用而爱人"，孟子说"民为贵，社稷次之，君为轻"，

---

① 顾颉刚、刘起釪：《尚书校释译论》，中华书局，2005年第106页。
② 贾谊：《贾谊集》，上海人民出版社，1976。

黄宗羲说"天下为主，君为客"，这些语句都表达了民本思想，他们所重视的都是民的地位、民众的生活，流露出的是关心人民、爱护人民，就是为生民立命、为天下着想，都应归结为民本思想。

历代思想家们对民本的内容做了如下归纳。金耀基认为："儒家民本思想之第一要义是以人民为政治主体；第二要义为天之立君，既然为民，则君之居位，必须得到人民的同意，君与民之间存有双边的契约关系；第三，儒家的民本思想在于得民养民为君的最大职务；第四，民本思想重'义利之辨'；第五，民本思想又离不开'王霸之争'；第六，民本思想还涉及'君臣之际'的互约关系的认定问题。"孙广德认为："民本思想主要有尊重民意、重视人民地位以及安民、保民、养民、教民等内容。"[①]学者陈胜粦认为："民本主义作为一个完整的思想体系，其构成部分主要有三：其一，'民'在'邦''国'中之地位与作用；其二，君主、政权与'民'之关系；其三，'固本'与'宁邦'之关系与固本之措施。"[②]张分田教授认为："民本思想的内涵可以概括为一个核心理念与三个基本思路。核心理念是'以民为本'，基本思路是'立君为民''民为国本''政在养民'。由这三个基本思路可以推导出民本思想的全部内容。"[③]"立君为民，民为国本，政在养民"，从政治本体、政治关系和施政原则三个层面论证了"以民为本"的终极依据、政治理据和操作原则。由此可以得出，民本思想主要包括两个大的思想：一个是以君为本的治民思想，表现在统治策略和治国经验等方面，包括

---

① 孙广德：《我国民本思想的内容与检讨》，上海三联书店，1988年第3-22页。

② 陈胜粦：《林则徐与鸦片战争论稿（增订本）》，中山大学出版社，1990年第592-593页。

③ 张分田、张鸿：《中国古代"民本思想"内涵与外延刍议》，《西北大学学报（哲学社会科学版）》2005年第35期。

利民、惠民、富民、养民、教民等措施；另一个是以民为本的重民思想，表现为爱民、安民、亲民、济民、恤民。但民本思想实质就是一种治民思想，所以民本思想的内容归纳总结有以下几点[①]：

第一，民惟邦本。民惟邦本是中国民本思想的理论基础和总纲，它是从民众与国家的关系的角度来肯定民众的重要地位。

第二，民贵君轻。这是从政治角度阐述民众、国家和君主三者之间的关系。一方面，君权民与，民本君末。由君主至上逐渐发展为君民并重直至民重于君。另一方面，民众决定政权得失与国家兴亡。《尚书》《诗经》等记载了从殷商到西周时期关于民众关系到政权得失、国家兴亡的许多事例。

第三，为政以德。就是"尚德治，倡仁政"的以德治国思想。要求君主和官吏要仁政爱民。真正做到"仁政爱民""爱民如子"就必须要提高君主的道德修养，提高官吏的道德水平，才能做到"明德慎罚"。

第四，利民富民。如"制民之产""节用裕民""轻徭薄赋"的治民措施，这是从统治者的利益出发而提出的一种思路。统治阶级只有采取有利于民生的经济措施，使人民生活富裕而安居乐业，才能实现社会稳定。春秋时期管仲提出"凡治国之道，必先富民"[②]，这一思想为历代统治者所接受。

第五，顺民得民。这是通过对中国历代王朝兴衰经验教训的总结而提出的，一是顺民得民事关国家的稳定安宁；二是认为得民与国家的昌盛和衰亡紧密相连；三是顺民得民事关民心所向。

民本思想的这五项内容是紧密相连的，它们有着内在的逻辑关系。

---

① 徐靖诗：《中国传统民本思想及启示》，西南大学，2009年第6页。
② 谢浩范：《管子全译（上）》，朱迎平译注，贵州人民出版社，1996年第89页。

民惟邦本是民本思想的理论基础，它表现在君民关系上就是民贵君轻。既然民惟邦本、民贵君轻，那么国君就应该仁民爱民，在经济上也应该做到利民富民。要做到这些，国君就必须取得民心，获得民众的支持和拥护。

## 二、民本思想的发展历程

在几千年封建社会的发展中，民本思想经历了从重天敬鬼到敬德保民，再从重民轻天到民贵君轻这样的发展历程。在不同的历史时期，从商周时期直至鸦片战争以前，民本思想在产生、发展及其思想模式形成的过程中，分别渗入了不同的社会内容，显示出各自的时代特色。因此，我们从不同历史时期的中国古代典籍中追根溯源，不断探寻民本思想的发展轨迹，挖掘其重要的历史价值是至关重要的。

殷商时期，在意识形态领域里，神权观念至高无上。"殷人尊神，率民以事神，先鬼而后礼。"商代末年，阶级矛盾激化，人民奋起反抗。国家处于"如蜩如螗，如沸如羹，小大近丧"的动荡、危急局面，商纣王仍然迷信上帝保佑，目中无民，竟然说，"呜呼！我生不有命在天？"周武王灭商后，民众的壮举猛烈冲击了传统的绝对神权观念，给周初统治者以深刻教训。商代的历史教训，使他们认识到，不能完全依靠"天命"，必须重视民意。商灭夏、周代商这种王权转移的社会现实，引发了"西周人文精神的跃动"[1]，当朝统治者逐渐认识到"天命"并非完全可靠，开始从对"发号施令"主体的关注转向了"受令"的主体"民"。把"民"提到政治高度的就是周初的政治家周公。周公把以德为核心的天命观和

---

[1] 徐复观：《中国人性论史》，上海三联书店，2001年第191页。

"民"的重要性统一地联系到一起，把"敬德"纳进了政治体制内，有"德"才能得到"天命"，德的内容就是"敬天"和"保民"，而"敬天"的关键就在于"保民"。

春秋战国是中国社会由奴隶制向封建制转变的大变革时期，"民"的力量渐渐崛起，"民"的价值也逐渐为社会所认可。人们逐渐摆脱了"神"观念的束缚，从"迷信鬼神，不重人事"转向了"既信鬼神，又重人事"。

《左传》阐述了重民轻神、民为神本、民为君本、立君为民等民本思想。传统的"尊神""敬天"的观念也发生了相应的变化。《左传》记载，桓公十一年，郧与隋、绞、州、萝四国伐楚。楚国莫敖（司马）

《左传》

担心会战败，想要占卜问神，斗廉回答说，"卜以决疑，不疑，何卜？"斗廉的言论无疑是对神的公然藐视。最终，楚国在蒲骚战胜了郧等国的军队，证明了斗廉的认识。随着天、神地位的下降，人们对待神与民的态度也发生了变化。在《左传》中，天、神的地位已经处在"民"之下了，即"民为神主"。而后，又有宋国司马子鱼抨击他的国君"人祭"的话语，司马子鱼曰："古者六畜不相为用，小事不用大牲，而况敢用人乎？祭祀以为人也。民，神之主也。"司马子鱼所用的武器也是"民为神主"的思想，这表明这种主张已经被社会所接受了。

《左传》中的民本思想是以"重民轻神""民为君本"为核心内容，

是我国民本思想体系中的重要组成部分。这一时期的民本思想在理论上得到的概括和总结，形成了较为系统化、理论化、哲理化的体系。"治大国，若烹小鲜"，在政治实践中要爱民、利民、与民不争，告诫当政者要"上善若水"，以百姓的意愿和要求作为治理国家的准则和标准。

汉唐宋时期，民本思想理论得到进一步的充实和加强。汉唐宋都经历了前朝的暴政而后被推翻的残酷政治现实，在治国策略上更加注意采用宽民、抚民、利民、爱民政策。同时，中国封建社会也进入相对稳定时期，逐渐建立起成熟的政治思想。到了北宋时期，民本思想逐渐演变为先天下忧、后天下乐的先人后己的极具社会责任感的济世精神。《梦溪笔谈》作者沈括是民为邦本、爱民厚生的儒家民本思想身体力行的代表人之一，他指出"粟多民庶，养之必使其方"，即统治者在富民裕民时要进行礼乐教化，以实现天下大治。《梦溪笔谈》中记载了很多官员兴学的例子，如崇德县令吴伯举兴学传播儒学、杭州知府蒲宗孟重修学校等。这些文字传递出沈括对兴学教化的支持和推崇。沈括所传达出的民本文化观、民本民生观思想，将政治、百姓和民本思想三者巧妙结合，成为具有深刻个人特色的民本思想[①]。沈括"重本亦不抑末""不为一君存亡"的民本观通过自身对民本思想的再认识和再创造，还成为后世思想家黄

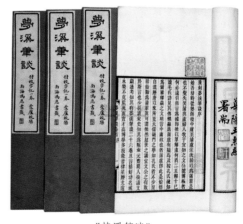

《梦溪笔谈》

---

① 唐梅：《沈括〈梦溪笔谈〉中的民本意蕴探析》，《文学教育》2023年第3期。

宗羲"天下为主，君为客"的思想渊薮。

明清时期，随着资本主义萌芽这一新兴生产关系的产生，民本思想也发展到了最高峰，开始对君主专政制度、君主权力的政治合法性、人民的历史地位和作用、社会发展及变更的原因等一系列问题进行了深入的思考和反思。这一时期的民本思想开始具有民主思想的萌芽，黄宗羲以"天下为公"为原则，对君主专制制度进行了深刻的批判，明确指出社会变更的真正原因，即"不在一姓之兴亡，而在万民之忧乐"。黄宗羲的《明夷待访录》记述了民本思想的核心问题是"民本"，"民"是对君主专制统治进行维治和巩固的基础。黄宗羲认为，在责任和话语权方面，君臣具有平等的权利，大家依法参政、议政，并对自己应尽的义务进行有效的承担，这样各级管理就能够更加积极主动地投入治理国家的事务中来，并以国家管理者的身份直接受人民委托对国家事务进行有效的行使，民众有权全程监督和评判君臣的行为处事。

这些思想都超出了传统民本思想中把民认为工具性权力客体的意义，对民的价值和意义的认识提到了一个前所未有的高度。纵观中国传统民本思想的发展历程，从理论到政治实践，形成了较为系统的体系。"民本"情怀渊源已内化到中华民族的文化心理结构，从更深的层面上影响或制约着人们的思维模式和行为模式，时至今日在当代中国仍有广泛的社会基础。

### 三、民本思想中"富民"对新时期"共同富裕"的启示

富民思想，在中国的文化传统中有极其深远、悠久的历史渊源，并深刻地影响着中国政治价值取向。当冉有问孔子应如何治理国家时，孔子曰："富之。"管子也说，"是以善为国者，必先富民，然后治之。"

它包括以下措施：一是"使民以时"，指征调百姓服役要在农闲时节进行，以保证百姓有足够的劳力投入生产；二是"制民恒产"，就是使老百姓有一定的财产；三是"通工易事"，即指手工业和商贸畅通、繁荣，往来手续简便易行；四是"损上益下"，指的是轻徭薄赋，减轻农民负担。这说明满足人民的物质需要是治理国家的基础，给我国现代化建设与和谐社会构建带来很大启示。西汉的贾谊也提出"富安天下"的观点。清代唐甄提出"立国之道在于富民"的思想，他认为，富，首先应该反映在老百姓有钱、有吃，能够过上衣食无忧的好生活。如果国库里财物堆积如山，而百姓却一贫如洗、辗转于沟壑之间，那只能叫作贫国[①]。衣食足而知荣辱，只有经济发展了，人民吃穿不愁，才能安邦兴国。因此，在推进中国式现代化建设中，我们坚持"以经济建设为中心""共同富裕"的思想无疑是在中国传统民本思想中"富民"思想的启发下提炼出来的，在国家建设中必须始终把带领人民群众发展经济、共同富裕放在重要位置。

新中国成立后，"共同富裕"一词第一次出现在党的重要文献和重要报刊上。1953 年 9 月 25 日，《人民日报》发布庆祝新中国成立四周年口号，其中第 38 条号召全国农业生产互助组的组员们和合作社的社员们"团结一致，发挥集体主义精神，提高生产效率，提高粮食及其他农作物的产量，增加收入，争取共同富裕的生活"。同年 12 月 16 日，毛泽东主席主持起草的《中共中央关于发展农业生产合作社的决议》向全国公布，提出，"用明白易懂而为农民所能够接受的道理和办法去教育和促进农民群众逐步联合组织起来""逐步克服工业和农业这两个

---

① 徐靖诗：《中国传统民本思想及启示》，西南大学，2009 年第 6 页。

经济部门发展不相适应的矛盾，并使农民能够逐步完全摆脱贫困的状况而取得共同富裕和普遍繁荣的生活"。

1985年3月，邓小平发表《一靠理想二靠纪律才能团结起来》重要讲话，"社会主义的目的就是要全国人民共同富裕，不是两极分化。"共同富裕是全体人民的富裕，是人民群众物质生活和精神生活都富裕，不是少数人的富裕，也不是整齐划一的平均主义，要分阶段促进共同富裕。只有让百姓富裕了，国家才能富强。邓小平绘制了发展经济分三步走的宏伟蓝图，到20世纪末实现国民生产总值翻两番，到21世纪中叶再翻两番，使我们国家的经济实力、人民的生活水平达到中等发达国家水平。"在经济发展的基础上，促进社会全面进步，不断提高人民生活水平，保证人民共享发展成果。"[①] 人民富裕了，各种作奸犯科的事件就会大大减少，社会秩序井然，才能建立"老吾老以及人之老，幼吾幼以及人之幼"的和谐人际关系，实现"老有所养，老有所乐"、安定和谐的社会景象。

## 第二节　富民黄河建设的意义与时代价值

### 一、富民黄河是推动黄河高质量发展的重要目标

习近平总书记在党的二十大报告中指出，要站稳人民立场，维护人民根本利益，增进民生福祉。牢牢把握人民群众对美好生活的向往和期盼，是贯彻全心全意为人民服务宗旨的切实体现。以习近平同志为核

---

① 江泽民：《全面建设小康社会　开创中国特色社会主义事业新局面——在中国共产党第十六次全国代表大会上的报告》，人民出版社，2002。

心的党中央作出黄河流域生态保护和高质量发展的重大战略决策，发出"让黄河成为造福人民的幸福河"的伟大号召，寄托了人民群众对美好生活的向往，强调了黄河治理的使命之一就是为人民谋幸福。

（一）马克思共同富裕与社会分配思想探析

共同富裕是指全体人民普遍富裕，从古至今都是人类所追求的目标理想，集中体现了全人类对幸福生活的美好憧憬与向往。马克思力求消灭剥削和两极分化，坚定地以共同富裕为共产主义的奋斗目标，共同富裕思想是马克思主义理论体系的重要核心部分。中国共产党始终高举马克思主义的伟大旗帜，朝着实现全体人民共同富裕的奋斗目标不断迈进，脱贫攻坚圆满胜利，小康社会全面建成，实现共同富裕在新时代迈向了新征程。深入研究马克思共同富裕思想，对于我国循序渐进地探索共同富裕由理想变为现实的实践路径、扎实推进我国共同富裕伟大事业不断取得新成功具有重要的指导价值[①]。

马克思主义者批判资本主义分配方式的非正义性，指出只有在社会主义社会下的按劳分配和共产主义社会下的按需分配才是正义的分配。在社会主义社会，始终以"多劳多得，少劳少得，不劳不得"的按劳分配为分配原则，以社会必要劳动时间作为规定和衡量劳动者工作量的标准。随着社会生产力的发展，社会主义社会完成过渡，共产主义社会发展到高级阶段，需求不再是欲望，而是个人的合理需要，人们道德品质和思想觉悟得到了空前提高，人的主体地位得到社会和他人的充分理解和绝对认可，即"在劳动已经不仅仅是谋生的手段，而且本身成了生活的第一需要之后；在随着个人的全面发展，他们的生产力也增长起

---

① 后之尉：《马克思共同富裕思想及其当代价值研究》，石家庄铁道大学，2023年第21-39页。

来，而集体财富的一切源泉都充分涌流之后"便可实现按需分配，促进人的全面自由发展。[1]

党的二十大报告强调要完善分配制度，"坚持按劳分配为主体、多种分配方式并存……坚持多劳多得，鼓励勤劳致富，促进机会公平，增加低收入者收入，扩大中等收入群体……规范收入分配秩序，规范财富积累机制。"[2] 如何进行分配历来是社会发展讨论的焦点，当前我国已经消除绝对贫困，但在社会发展中仍存在相对贫困、收入差距较大等问题。因此，必须继承和发展马克思主义分配思想，丰富和发展中国特色社会主义分配理论，用以完善我国收入分配制度，规范收入分配秩序，促进社会分配的公平正义，推动社会经济平稳健康发展。

（二）坚持以人民为中心的发展理念

坚持共同富裕与按劳分配为主体的社会分配制度，充分反映了社会主义的本质特征，体现了坚持以人民为中心的根本立场。"以人民为中心"出自党的十九大报告，是习近平新时代中国特色社会主义思想的重要内容。2015 年 10 月 29 日，在党的十八届五中全会上，习近平总书记明确提出坚持以人民为中心的发展思想，强调人民对美好生活的向往就是我们的奋斗目标，强调要坚定不移走共同富裕的道路。

"以人民为中心的发展思想"强调，社会主义所有制以"为人民服务"为宗旨，将社会发展的成果由全体人民共同享有。中国共产党的执政史从头至尾书写着两个大大的字——"人民"。"人民"始终是中国共产党奋斗的核心主体，是改革成果的最大和最终受益者。"人

---

[1]　张晓平、肖欣耘:《论分配的公平正义——基于马克思主义与空想社会主义分配思想比较分析》，河南牧业经济学院学报，2023年第10期。

[2]　习近平:《高举中国特色社会主义伟大旗帜 为全面建设社会主义现代化国家而奋斗:在中国共产党第二十次全国代表大会上的报告》，人民出版社，2022。

民至上，生命至上"是习近平总书记人民观的最凝练表达。回顾中国共产党的奋斗历史，清晰可见永恒不变的"人民立场"和时代内涵的演变路径。社会主义建设时期，毛泽东的"为人民服务"思想确定了中国共产党执政的方向和目标，通过多次会议报告和文章阐释人民与革命、人民与建设、人民与党的关系，并成为中国共产党区别于其他政党的显著标志。① 改革开放和社会主义现代化建设新时期，邓小平的"以是否合乎人民意愿为一切工作标准"纠正了"两个凡是"的错误标准和"以阶级斗争为纲"的错误方针。江泽民"代表最广大人民利益"，将"对人民是否有利"作为坚持和反对的分界线。胡锦涛坚持"以人民为国之根本"阐释了"做到权为民所用，情为民所系，利为民所谋"的执政思想，高度凝练了"三个有利于""三个代表"和"科学发展观"核心理念。

在推进新时代中国特色社会主义现代化建设中，习近平总书记将坚持"以人民为中心的发展思想"熔铸于"五位一体"总体布局的伟大实践之中，依靠人民推动并形成国家制度和治理体系的显著优势。坚持"以人民为中心的发展思想"像一条红线贯穿于党和国家建设与发展的全部理论和实践中。面对 2020 年初突如其来的新冠病毒感染疫情，以习近平同志为核心的党中央始终坚持"人民至上，生命至上"，所做出的每个决策、发出的每一个号令、采取的每一项措施，无不是从人民生命安全和身体健康出发，无不是基于人民利益和人民生活考虑。

---

① 高巍翔、余榕：《"以人民为中心"的理论逻辑、历史逻辑和实践逻辑》，《湖北师范大学学报（哲学社会科学版）》2021年第1期。

## 二、高质量发展引领富民黄河路径探索

黄河是中华民族的母亲河，是中华民族和中华文明赖以生存和发展的宝贵资源。习近平总书记高度重视、始终牵挂着黄河的保护治理。黄河流域是我国重要的经济地带和区域协调发展的关键区域，推动黄河流域生态保护和高质量发展是习近平总书记亲自擘画、亲自部署、亲自推动的一项国家战略，在党的二十大报告中作为"促进区域协调发展"的重要组成部分，与全面推进乡村振兴共同成为加快构建新发展格局、着力推动高质量发展的重点工作、重大任务之一。

（一）黄河高质量发展助推脱贫攻坚思考

黄河流域生态保护和高质量发展，同京津冀协同发展、长江经济带发展、粤港澳大湾区建设、长三角一体化发展一样，是重大国家战略。保护治理黄河就意味着减少流域内的洪涝、水灾等自然灾害，保护黄河流域的生态环境，为富民黄河建设提供最基本的前提条件。同时，黄河流域是我国重要的生态屏障和重要的经济地带，是打赢脱贫攻坚战的重要区域，加强黄河治理保护，推动黄河流域高质量发展，积极支持流域省区打赢脱贫攻坚战，解决好流域人民群众关心的防洪安全、饮水安全、生态安全等问题，对维护社会大局稳定具有重要意义。

2021 年，河南黄河工作会议锚定幸福河建设目标，构建河南黄河保护治理"1562"发展格局，以人民期盼的"幸福河"为目标，把握"治河惠民"面临的新使命新要求，努力让沿黄群众过上富裕美满的幸福日子。"十三五"期间，河南黄河河务局对标对表中央打赢脱贫攻坚战、全面建成小康社会重大战略部署，开展水利扶贫工作。圆满完成对甘肃省农村饮水安全和黄河流域小型水库安全运行监督检查，濮阳县习城乡孔店村等驻地定点帮扶任务，以及持续推进援疆援藏工作。在驻村帮扶工作中，河南黄河河务局为贫困地区和单位争取筹措各类帮扶资金累计 7000 余万元，选派援疆援藏干部 9 名、培训 310 人次；先后进行 10 批次甘肃省农村饮水安全现场暗访，督查 27 个县，入户查看 823 户，打通农田水利建设"最后一公里"专项行动；派出驻村工作队 58 支、驻村干部 182 人、驻村总数 71 个，各帮扶贫困村均如期脱贫摘帽。

河南黄河河务局通过助推脱贫攻坚积累了许多好经验、好做法。一是坚持全局一盘棋一家亲思想。调动扶贫积极性，构建专项扶贫、行业扶贫、驻地扶贫互补体系。二是坚持以监督传导压力，以压力促进落实。在开展黄委行业监管工作中，坚持以问题为导向，现场督导全覆盖，促进问题整改落实。三是坚持精准扶贫精准脱贫。在各项脱贫攻坚工作中，坚持因地制宜、有的放矢、精准施策，确保各项政策落地见效。四是坚持人才队伍建设。把人才的培养贯穿各个环节，通过各类培训，为扶贫对象输送人才，增强发展后劲。

### （二）推动乡村振兴有效衔接高质量发展

乡村振兴是实现中华民族伟大复兴的一项重大任务。做好巩固拓展脱贫攻坚成果同乡村振兴有效衔接，接续支持脱贫地区发展和群众生活改善，是我国进入新发展阶段党中央、国务院作出的重大决策部署，是顺应"三农"工作重心历史性转移的新形势和新要求。党的十九届五中全会对推动黄河流域生态保护和高质量发展以及全面推进乡村振兴作了重要部署，河南沿黄区域在推动乡村振兴中取得了巨大成就，但也存在农村发展基础薄弱、部门协调机制不完善、内生动力不足、发展质量不高等突出问题。

河南沿黄区域有水源保护区、滩区、灌区和泛区等不同的地理地

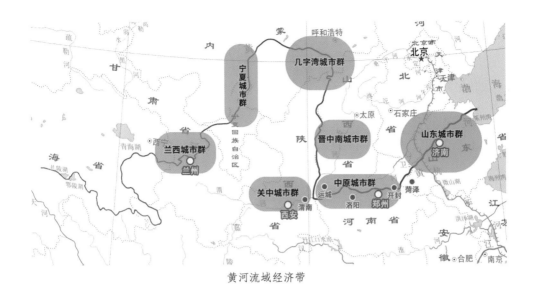

黄河流域经济带

貌类型。地理地貌类型复杂多样，自然、经济和社会三大系统相互作用，关系密切，生态、经济和文化多重功能突出。河南沿黄区域生态保护带、农业产业带和文化富集带三带叠加，主要涉及郑州、开封、洛阳、新乡、焦作、濮阳、三门峡、济源8个省辖市和巩义市、兰考县、长垣市3个省直管县（市），整个区域共有27个县（市、区）。当前，河南沿黄区域在推进乡村振兴中还存在诸多问题。一是由于河南沿黄区域受制于地理地貌，产业发展面临自然条件、生态保护、政策导向等多重制约，农民收入水平普遍不高。受政策影响，很多农田水利基础设施项目不向黄河滩区投放，导致农田水利基础设施滞后。二是部门协调推进体制机制尚未完全形成，乡村振兴稳定的资金投入机制尚未建立，投入渠道有待拓宽，农村土地制度改革红利尚没有完全释放。三是农民参与乡村振兴的内生动力不足。农民自主创业、自主发展能力弱，成为制约农民发挥主战作用的重要因素。四是乡村产业发展质量仍需提升。农业有产品无品牌、有品牌无规模、有规模无产业问题依然存在，发展质量和综合效益有待进一步提升[①]。

新时代河南推动沿黄乡村振兴需要在中央及河南省乡村振兴战略规划总体布局基础上，主动对接黄河流域生态保护和高质量发展战略规划，深入贯彻习近平总书记在参加十三届全国人大二次会议河南代表团审议时的重要讲话精神及在黄河流域生态保护和高质量发展座谈会上的重要讲话精神，依托河南沿黄地区特有属性，以党建创新引领全面乡村振兴，以生态优先为导向坚持绿色发展，以黄河文化为依托推进特色发展，全面推动沿黄数字乡村建设工程，强化协同发展、绿色发展和以黄河文化为元素的特色发展，通过内部改革创新和外部带动同时发力，探索新时期沿黄地区乡村振兴的发展路径，推动乡村振兴有效衔接河南黄河高质量发展[②]。

（三）河地融合促进中原特色产业振兴

河南作为千年治黄的主战场的经济大省，在黄河流域生态保护和高质量发展的历史机遇下，牢牢把握"重在保护，要在治理"的重大要求，不断推动黄河保护治理工作落实落地。高效利用黄河实验室这一创新型平台重点攻关，数字孪生黄河建设稳步推进，实现中游"治山"、下游"治滩"、受水区"织网"的保护治理思路，构建"一轴两翼三水"[③]的水安全保障格局。2022年，黄河Ⅰ～Ⅲ类水质断面占88.6%，流域水环境质量整体改善，生态系统功能不断增强。坚持"以水定城、以水定地、

---

① 喻晓雯：《新形势下河南沿黄地区乡村振兴的问题与对策》，《中国农村科技》2021年第5期。

② 喻晓雯：《新形势下河南沿黄地区乡村振兴的问题与对策》。

③ 一轴是以黄河为主轴，两翼是沿黄河左右岸的南北两翼，其中以西霞院输水工程、卫河共产主义渠至金堤河、京杭大运河会通河段为北翼，以贯鲁河、涡河、惠济河至周商永运河、引江济淮工程为南翼，统筹当地水、引黄水、南水北调水构建与现有河渠大连通的黄河水安全保障大水网。

以水定人、以水定产"，推动郑州都市圈增强绿色竞争力，提升洛阳副中心城市能级，绿色低碳转型。打造黄河国家文化公园重点建设区，建设黄河历史文化地标城市，塑造"行走河南·读懂中国"品牌，文旅文创融合战略逐步走实。与此同时，河南省将基层党建、脱贫攻坚、滩区迁建、生态保护、产业发展、乡村振兴等有机结合，系统谋划、通盘考虑、统筹推进，迁建社区周边办企业，富了百姓、兴了产业；立足特色精准招商，上中下游企业产品呼应、借力增效；产业兴旺支撑生态保护，优美生态反哺产业发展，通过进一步深化河地融合，不断促进中原特色产业振兴，走出了一条黄河流域生态保护和高质量发展的特色之路。

为统筹推进河地融合发展，河南黄河河务局先后与新乡、洛阳等沿黄地市签订战略合作协议或达成合作共识，建立协同合作发展新机制，共同抓好大保护，协同推进河南黄河大治理。2019 年 9 月 18 日以来，河南黄河累计供水 100 多亿立方米，为沿黄灌区粮食生产安全、区域生态文明建设和高质量发展提供了有力的水资源保障；累计向河北调水 23 亿立方米，有力支持了雄安新区建设和华北地下水超采综合治理国家战略的实施，也为中原特色产业振兴提供了有利条件。

# 第三节　富民黄河建设的主要做法及成效

## 一、河南黄河滩区居民迁建的生动实践

黄河滩区是河南"三山一滩"扶贫攻坚的重点区域。滩区居民迁建工程是新时期解决黄河长治久安、促进滩区群众脱贫致富的治本之策，是实现全面小康战略目标、顺应群众期盼、遵循客观规律、有力推动社

会进步的实践过程。近年来，黄河滩区居民迁建工程取得阶段性成效，得益于政府脱贫目标与群众自主改变命运的愿望之间的高度契合，得益于基层政府组织因地制宜、扎实有效开展工作，得益于全社会各方面有效配合、协同推进，得益于实施过程中遵循黄河滩区水文和防汛规律、按规律办事。其间诸多经验做法，值得借鉴和深化。

（一）黄河滩区面临的历史遗留问题

黄河滩区是黄河行洪、滞洪、沉沙的重要区域，也是百万群众赖以生存的场所。正常情况下，河水在河槽中流动，如遇到较大洪水，就会漫过生产堤进入滩区，再遭遇更大洪水，就会冲击黄河大堤甚至导致黄河决口。如 1855—1935 年，兰考黄河滩区发生大水漫滩 39 次之多，小型漫滩几乎年年都有[①]。针对黄河多泥沙、善淤善徙的特性，为使河道具有较大的行洪、滞洪能力和泥沙堆积空间，历史上往往采取"宽河固堤"的治理方式。黄河河道大水行洪，小水落滩，滩区肥沃的土地，吸引着人们开发种植，于是黄河滩区既是黄河行洪的河道，也是滩区群众生产生活的家园。长期以来，黄河滩区群众一边面对的是黄河水患威胁，一边面对的是黄河大堤阻隔。特殊的居住条件和生活环境，加之河道管理的政策法规约束，滩区经济发展滞后于堤外及其他非滩县区。

（二）河南黄河滩区居民迁建的探索与发展

河南黄河滩区面积 2116 平方公里，涉及洛阳、焦作、郑州、开封、新乡、濮阳等 6 个省辖市 20 个县（区）和巩义、兰考、长垣 3 个省直管县（市），居住人口 127.86 万人，处于 20 年一遇防洪标准洪水位线以下的有 103.7 万人，其中受洪水威胁较大的有 82 万人。在全面建成

---

① 河南黄河河务局:《大河安澜——河南黄河治理开发七十年》,黄河水利出版社,2016。

新乡市平原示范区韩董庄引黄闸改建

小康社会重大战略实现之前，滩区内包括 4 个国家级贫困县、2 个省级贫困县 414 个贫困村 33 万贫困人口，为全国最为集中连片的贫困带之一。

历年来，国家高度重视滩区群众的生命安全和生产生活，先后出台了滩区"一麦一水，一季留足口粮"、滩区淹没补偿等惠民政策。1974 年，国家实施了滩区安全建设。主要采取就地避洪、临时撤离、村庄外迁 3 种措施。工程建设项目主要包括村台填筑、避水楼台建设、撤退道路、桥梁、村庄外迁以及避水指挥楼、通信等。避水工程投资主要靠群众负担，国家适当补助。国家投资的渠道有防洪基金、水毁救济工程、以工代赈等。重点集中在东坝头以下河段的长垣、濮阳、范县、台前 4 县（市）。累计修建避水村台 4224 万平方米，撤退道路 859 公里，外迁人员 1.69 万人。20 世纪 90 年代，虽然组织实施了滩区水利建设，改善了滩区农业生产状况，但因长期投入不足，滩区安全发展仍存在防洪安全保障程度低、群众生产生活条件恶劣、经济社会发展与治河矛盾突出等诸多问题。加之长期以来滩区群众饱受黄河水患，迫切希望通过搬迁实现脱贫致富。从长远看，解决滩区群众防洪安全，促进脱贫致富，实现治河和惠民有机结合，达到黄河滩区长治久安的目标，其根本出路在于滩区群众外迁安置①。

党的十八大以来，河南省委、省政府高度重视黄河滩区扶贫与发展工作，把黄河滩区群众脱贫致富列为全省扶贫攻坚的重点，纳入了"三山一滩"扶贫重点片区，做出推进黄河滩区居民迁建的战略决策。2016 年 6 月，黄委调研河南黄河滩区综合整治情况时提出，实施滩区居民迁建，解决滩区群众防洪安全，促进滩区群众脱贫致富，使之与全省人民同步实现小康，实现治河和惠民的有机结合。实施黄河滩区搬迁，具备了扎实的群众基础以及良好的外部环境。在此背景下，河南省正式启动了黄河滩区居民迁建前期工作，编制完成《河南省黄河滩区搬迁扶贫和发展规划纲要》。河南黄河河务局配合河南省发展和改革委员会编制了《河南省黄河滩区扶贫搬迁总体方案》，河南省发展和改革委员会组织编制了《河南省黄河滩区居民迁建试点实施方案》。国家发展和改革委员会与河南省政府相继批复后，首批滩区居民外迁试点工作于2014 年 12 月正式启动，对范县张庄乡、陈庄镇，封丘县李庄镇和兰考县谷营乡 4 个乡镇的 14 个村庄 4676 户 16718 人进行搬迁安置②。

2016 年 8 月 25 日，河南省黄河滩区居民迁建第二批试点正式启动，共涉及河南省兰考、长垣、中牟、濮阳、台前、封丘 6 个县（市）的 11 个乡镇 26 个村 4 万多人。第二批试点的关键环节，在工程建设、质量监管、产业发展、转移就业、土地复耕等方面。2017 年，河南省

---

① 河南黄河河务局：《大河安澜——河南黄河治理开发七十年》，黄河水利出版社，2016 年第174-175页。
② 河南黄河河务局：《大河安澜——河南黄河治理开发七十年》，黄河水利出版社，2016 年第176-178页。

黄河滩区迁建工程全面启动实施，该工程是国家易地扶贫搬迁重大基础建设工程，目的是把黄河滩区地形低洼、险情明显的 24.32 万人整村外迁安置，2020 年实现全部迁建任务，这是事关群众致富、百万民众切身利益的事。黄河滩区搬迁工程是一个旨在突破世纪难关的大规模搬迁工程，寄托了滩区民众近百年的安居乐业梦和致富梦，给滩区人民一个幸福安定的新家园 ①。

（三）以黄河滩区迁建新模式推进乡村振兴

为顺利推进黄河滩区居民迁建，促进滩区群众早日脱贫致富，河南省政府有关部门会同黄河河务部门创新黄河滩区迁建模式，开展了一系列卓有成效的工作。

1. 开展河南黄河滩区居民外迁与安置调研

2013 年 5 月，河南省发展和改革委员会牵头组织开展滩区居民迁建专题调研。河南黄河河务局通过黄委向水利部报送《关于加快黄河下游滩区居民外迁与安置工作的报告》。2015—2021 年，河南省有关部门多次深入安置区调查、暗访，对发现的问题及时汇报，研究解决，在此基础上编制了《河南省黄河滩区居民迁建试点实施方案》《河南省黄河滩区居民迁建第二批试点实施方案》《河南省黄河下游滩区居民迁建规划》。

2. 争取河南黄河滩区有关补偿政策

按照上级统一部署，河南省组织开展黄河下游滩区运用补偿政策问题研究工作，提交多篇研究报告。2012 年，经国务院批准，财政部、发改委、水利部联合印发《黄河下游滩区运用财政补偿资金管理办法》，

---

① 张建民、李建培：《河南省黄河滩区经济发展探析》，《中国水利》2003 年第 15 期。

为滩区居民外迁及滩区内生态保护和高质量发展创造了有利条件。滩区居民外迁后，留下的庄基以及相关土地指标如何高效利用，成为新的课题。河南省法制、黄河河务部门等多方调研后修订了《河南省黄河河道管理办法》，其中明确：滩区居民迁建后节余的土地指标交易收益，优先用于安置区占地补偿、基础设施和公共服务设施建设以及土地复垦，为推进滩区居民迁建的顺利实施提供有力支撑。

3. 督导滩区迁建联系点安置区建设

为妥善做好黄河滩区居民迁建工作，河南省政府办公厅印发了《河南省黄河滩区居民迁建督导考核制度》。河南省发展和改革委员会、河南黄河河务局等成员单位，配合做好全省滩区居民迁建工作的同时，深入分包联系乡镇安置区，对安置区建设管理以及迁建后土地复耕等进行督导，为安置区顺利完成建设、滩区群众顺利搬迁入住奠定了基础。

4. 创新黄河滩区居民迁建的经验做法

一是坚持群众主体，尊重群众意愿。在试点选择上，优先考虑受洪水威胁较大、群众搬迁愿望强烈的低滩区和高滩区中的"近堤村""落河村"，坚持以村为单元外迁安置，规定试点村庄群众自愿外迁的比例须达到 90% 以上。在安置方式上，考虑群众经济承受能力和实际情况，提出集中安置、自主分散安置和敬老院安置等多种安置形式。在迁建过程中，注重提高群众参与度，成立群众迁建理事会等，全程参与迁建工作。

二是科学规划布局，切实抓好安置区建设。按照产业、村庄、土地、公共服务和生态规划"五规合一"的要求，结合县域新农村建设规划，依托县城、重点镇、产业集聚区、农业产业化集群等科学规划和建设安置区，统一规划建设供水、供电、道路、医疗卫生、教育等基础设施。

三是拓宽筹资渠道，切实减轻群众负担。加大省发展改革、财政、国土、水利、教育、卫生计生、交通、民政、电力、文化等各部门项目资金整合力度，统筹用于安置区基础设施及公共服务设施建设。吸引社会投资建设燃气管道、通信网络、加油站、大型超市、民营医院等有收益的配套设施。

四是加快拆旧复垦，同步推进土地流转。把旧村拆除和土地复垦作为试点成败的关键环节，坚持搬迁与拆旧、复垦同步推进，根据搬迁进度，及时拆除原住房，进行土地复垦整理。制定出台滩区土地流转的支持政策，充分利用黄河滩区资源优势和区位优势，积极发展多种形式的适度规模经营。

五是强化产业支撑，促进农民转移就业。把安置区建设与产业发展、转移就业同步推进，通过产业发展就近就地转移一批、通过职业培训对外劳务输出一批、通过土地流转规模化经营解决一批、通过政府购买基层公共服务岗位吸纳一批等"四个一批"，让更多搬迁群众有稳定的工作岗位。

六是创新社会管理，健全管理体制。居民搬迁后，原有自然村、行政村的地域概念被打破，村民变成了社区居民，按照"一区多居"的管理模式，对安置多个迁建村庄的社区，保持原村级组织不变，建立健全以社区党组织为核心、社区居委会为基础、社区管理服务中心为依托、其他各类社会组织为补充、社区居民广泛参与的社区管理体制。

（四）河南黄河滩区居民迁建试点案例分析

在黄河滩区居民迁建过程中，各地积极探索，务实推进，形成了各具特色的迁建模式 [1]。

---

[1]　刘建华、陈中武、张伟 等:《加快黄河滩区脱贫攻坚的对策思路》,《嵩山智库》2020年第3期。

1. 和谐迁建的封丘李庄模式

李庄镇位于封丘县东南部 35 公里处，与兰考县隔河相望，境内尚存黄河 1860 年铜瓦厢决口遗址，是典型的黄河高滩区骑堤镇，受洪水威胁较大，其中贯台村离河道距离只有 0.1 公里。镇域面积 82 平方公里，其中滩地面积 6.8 万亩，占全镇总面积的一半以上。第一批试点涉及所辖滩内 5 个村庄 2053 户 7634 人。2015 年底，张庄、姚庄、薛郭庄、南曹等 4 个村 679 户群众在全省率先迁入新居。

李庄镇迁建工作涉及的滩区群众多、情况复杂，采取就近集中安置，倾听群众意愿、畅通联系群众渠道和创新社区管理等，为迁建工作打好基础。其主要做法及经验如下：

（1）开展迁建惠民政策宣传。采用悬挂标语、设立电子显示屏、开广播会、印发宣传手册、包户人员和群众"一对一、面对面"宣传等，依靠群众开展工作。试点村群众自愿外迁比例达 99% 以上，迁建工作具备良好的群众基础。

（2）创建联户代表制度。坚持"突出群众主体地位"的总则，充分发挥基层党组织作用，组织成立群众迁建理事会，创建联户表制度（户代表推举"十联户"代表，"十联户"代表选出"百联户"代表和迁建理事会）。同时，党支部下设若干党小组，党小组建在"百联户"上，党建联系人分包"十联户"，形成密切联系群众的组织架构。

（3）充分尊重群众的知情权、参与权和监督权。从规划选址到户型选择，从电梯配备、室内门窗、五金、洁具等材料选购，再到人口认定、旧房类别划分等事宜，均由迁建理事会和群众代表表决。特别是针对迁建工作的重点——工程质量，严格按照"政府监督、中介监理、企业自律、群众参与"四位一体的模式进行监管，专门成立迁建群众质量

封丘县李庄镇黄河滩区居民迁建安置新区

监督站，由群众迁建理事会全程参与监督。

（4）加强搬迁后社区管理。居民搬迁后，原有自然村、行政村的概念被打破，变成了社区居民，其行政管理方式、社会治理机制、公共服务模式都需要改变。为此，选派试点村两委书记、迁建理事会会长等赴济源、焦作学习先进社区管理经验。选派13名干部分包楼栋，选出楼长、单元长，成立民调会、治保会、巡逻队，提升安置新区的管理水平，确保安全稳定。

随着迁建工程的推进，李庄新区成为封丘县东南部一个副中心城镇，实现城镇与产业同步发展，就业帮扶、社会保障和爱心救助互为补充，迁建群众生产生活迈上了新台阶。

2.精准脱贫的兰考模式

兰考县地处黄河故道，历史上黄河屡次泛滥，风沙、盐碱、内涝"三害"使百姓穷困不堪，经济社会发展水平整体偏低。境内黄河滩区沿黄河呈带状分布，总面积14.02万亩。第一批试点谷营乡姚寨村586户2100人已经迁入新居。第二批试点涉及低滩区剩余的谷营乡岳寨、李门庄、马寨、文集和东坝头乡东坝头村 5 个行政村 1516 户 5349 人。通过迁建工作，群众彻底摆脱黄河洪水威胁，进入脱贫致富的快车道。

兰考县把黄河滩区居民迁建作为精准脱贫的重要内容，通过精准识别、精准帮扶、精准管理和精准考核，优化配置扶贫资源，加快滩区群众外迁脱贫致富。其主要做法及经验如下：

（1）精准识别。发挥驻村工作队的作用，逐家调研、逐户核对，定期对建档立卡贫困村、贫困户和贫困人口进行动态核查，把非贫困户识别出去，把真正的贫困户识别进来。

（2）精准帮扶。探索多渠道、多元化精准扶贫路径，依托该县森源集团农光互补发电项目，引导群众进行土地流转，就近转化为产业工人；依托附近爪营、谷营、固阳 3 个乡（镇）的产业园区灵活安排就业；依托迁建安置新区人口集中的优势，大力发展商贸服务业，增加群众收入，从根本上解决迁出群众的生计问题，保障了群众搬得出、稳得住、能发展、可致富。

（3）精准管理。根据贫困户、贫困村退出机制要求，对所有已脱贫户严格履行退出程序。同时，县财政加大在义务教育、住房安全、交通保障、饮水安全、电力保障、文化建设、卫生医疗等基本公共服务方面的投入力度，补齐短板，确保达标，实现贫困村有效有序退出。

（4）精准考核。参照焦裕禄树立"四面红旗"的做法，开展以争创"脱贫攻坚红旗村""基层党建红旗村""产业发展红旗村""美丽村庄红旗村"为内容的重树"四面红旗"做法，全面加强基层组织建设。建立大督查工作机制，县委、县政府联合成立督查局，有力推动了扶贫攻坚各项工作的落实。

兰考黄河滩区居民迁建工作稳步推进，全局性、整体性的精准脱贫思路和做法为促进滩区发展、改善滩区群众生产生活条件提供了支撑，滩区群众更多地享受到经济社会发展成果。

3. 因地制宜的濮范台模式

濮阳市所辖的濮阳县、范县和台前县，是全省集中连片扶贫开发重点地区，被《国务院关于支持河南省加快建设中原经济区的指导意见》列为濮范台扶贫开发综合试验区。其中，黄河滩区面积 443 平方公里，涉及 3 县 21 个乡（镇）566 个自然村 11 万人 16.7 万亩耕地，是河南省滩区贫困面积最大、贫困人口最多、贫困程度最深的地区。范县作为第一批试点先行开展黄河滩区居民迁建工作，涉及张庄乡、陈庄镇 2 个乡（镇）8 个行政村 2037 户。台前县孙口镇王黑村、吴坝镇东桥村和濮阳县为第二批迁建试点[1]。

濮范台均处黄河低滩区，漫滩概率较高，受洪水威胁较大。在濮阳市前期实施《濮阳市建设中原经济区濮范台扶贫开发综合试验区总体方案》的基础上，三县因地制宜开展黄河滩区居民迁建试点工作。其主要做法及经验如下：

（1）范县形成合力办迁建。坚持把滩区居民迁建作为统揽全局的重中之重，探索出"领导聚力、宣传增力、规范集力、机制发力"的工作思路，确保工作扎实推进。具体做法是：强化领导聚合力，把滩区迁建试点列为全县"一号工程"，成立以县长任组长的工作领导小组；突出宣传增动力，采取入户走访、发放明白卡、出动宣传车等多种形式进行宣传动员；规范运作集民力，规范补偿程序，既定政策用到底，及时足额兑现补偿资金到群众账户，做到"签一户、补一户、清一户"；

---

[1] 乔鹏程、田建民、杜涛 等：《河南省黄河滩区扶贫搬迁向乡村振兴衍变路径探析》，《河南蓝皮书·河南农业农村发展报告》，社会科学文献出版社，2019年第233-234页。

范县黄河滩区居民迁建前后

坚持"日碰头、周调度"制度，克服地质条件差、地下水位高、施工难度大等困难，细化责任，科学施工，保障工程进度。

（2）台前县转移就业促迁建。坚持把建立就业基地作为精准扶贫的重要抓手，优先在贫困村，特别是学校、养老院附近建设就业基地，方便贫困户就近就业和兼顾家务。扶贫就业基地拓宽了群众就业增收渠道，为滩区居民外迁脱贫提供了帮助，如吴坝镇东桥村90%以上住户选择自主分散安置。依托新农村社区和周边配套的扶贫就业基地，采取分散安置，为纯滩区、跨行政区划征地难的村庄，探索出一条行之有效的迁建道路。

（3）濮阳县补齐短板抓迁建。黄河滩区是濮阳县经济社会发展的短板，早在2013年底，濮阳县就实施了黄河滩区扶贫开发五年攻坚行动。此次共规划县城、习城、徐镇3个安置区，其中县城安置区北侧紧邻龙文化广场，西侧是县人民医院新址，南侧为新建的县客运总站，距县第一实验小学1.5公里，整个区域的医疗、交通、教育和休闲等条件优越，中心城镇带动滩区发展的态势初步显现。

## 二、河南黄河滩区高质量发展的典型案例

黄河进入河南省后，因挟带大量泥沙而流速渐缓，泥沙沉积形成广阔的带状平原滩区[①]。过去，由于黄河频繁改道以及水流的季节变化，滩区环境极不稳定，大部分滩地没有得到很好的利用。河南省黄河滩区主要分布在郑州、洛阳、济源、开封、焦作、新乡、濮阳7市21个县（市、区），黄河流经河南长达444公里，滩涂区总面积达2643平方公里。2019年，为充分利用黄河滩区居民迁建后腾退土地，调整优化农业结构，保障黄河流域生态安全和高质量发展，省政府启动实施黄河滩区优质草业带建设，打造优质饲草基地，努力把黄河滩区建设成为全国重要的现代化优质牧草生产加工基地和草业科技创新基地。

（一）兰考县黄河滩区草业带建设

兰考地处豫东平原，辖区内河道全长25公里，黄河两岸有滩区耕地13万亩。近年来，兰考县深入贯彻落实习近平生态文明思想，以黄河流域生态保护和高质量发展国家战略机遇和河南省100万亩优质饲

---

① 张晓霞、李鹏飞、牛岩：《建设优质草业带 推动黄河滩区高质量发展》，《中国畜牧业》2022年第7期。

草产业带建设为依托，按照"种好草、养好地、喂好牛、产好奶"的发展思路，充分发挥饲草产业带动作用，增加农民收入。同时，将滩区草业带建设融入兰考黄河湾乡村振兴壮美景观，实现饲草种植与文旅产业融合发展。

1. 立足县情推动滩区草业带建设

兰考县自 2019 年开启滩区草业带建设行动，至 2023 年底，共完成滩区土地流转 6 万亩，紫花苜蓿种植 5.1 万亩。同时，兰考县还出台相关优惠政策，对规模优质饲草种植予以每亩 200 元土地流转补贴，对购置大型进口农机具的予以 30% 补助。对草食畜牛羊驴养殖给予补贴，促进种养两端快速发展。在硬件上对优质饲草产业基地周边道路、农田水利设施、田地管理配套设施进行完善。村集体组织发动群众到饲草企业或周边产业中就业。

2. "以草引畜、以畜定种"促进产业化发展

兰考县坚持产业融合，通过加大招商引资力度，引进北京首农、

兰考县黄河滩区草业带

蒙牛集团、现代牧业、中羊牧业等大型牛羊企业落户兰考，为招引草畜龙头企业奠定基础。另外，饲草企业选择适合兰考土质的巨能551、阿迪娜等优良苜蓿品种，产出的紫花苜蓿不仅弥补了优质饲草的缺口，还为打造绿色有机畜产品奠定了基础。同时，坚持规模发展，通过大型龙头企业引领，兰考县饲草产业效益显著提升。目前，兰考县黄河滩区种植紫花苜蓿5.1万亩，2023年第一茬收割的2万余吨紫花苜蓿，青贮蛋白含量22%，相对饲喂价值（RFV）达到206，销售价格1450元每吨，比2022年价格上涨300元。此外，兰考县还带动群众增收，坚持产业帮扶。在滩区发展优质饲草种植，带动饲草收储加工、畜禽养殖加工等上下游产业化水平优化提升，带动农户1.3万余户参与到产业链各环节，解决了农村剩余劳动力就业创业问题，实现滩区搬迁群众"挣地租，当工人，搬得出，能致富"。与河南省农业科学院、河南农业大学等科研院所和高校合作，坚持科技创新驱动草业发展，加大科技研发力度，促进草业技术研究。目前，兰考县已建成国内品种最多、规模最大的苜蓿示范基地。重点解决草种选育、水肥调控、杂草及病虫害防治、适时收贮及产品加工、有机牧草等关键难题，为黄河滩区优质草业带建设提供科技支撑和人才保障。

3. 滩区草业带建设成果效益显著

（1）经济效益。在滩区种植苜蓿草，除去成本，企业亩均纯利润在500元左右。农户通过土地流转每亩收益800元；在除草、运输、收储等环节每人每天可获得80元务工收入。村集体通过溢出土地、组织务工、协调作业等，平均每亩收益50元，平均每村可增加集体经济收入9万元左右。

（2）生态效益。通过优质饲草种植，实现了"锁风沙、治盐碱、改生态"。例如：紫花苜蓿根系发达，在涵养水源、防风固沙方面作用明显，且根部生有根瘤菌，能够有效实现化肥减量和土壤修复。架设时针式自动化喷灌机 127 台，与微喷带相结合，根据供水条件和需水规律进行针对性供水，每亩地采取喷灌方式仅需 200 立方米水，比漫灌节省水 60% 以上。近年来，兰考滩区小气候生态圈改善效果明显，种植区内负氧离子含量均值达 1400 个每立方厘米，最高达到 1900 个每立方厘米。昔日风沙滩变成"草长莺燕飞、水清鱼鸟翔"，初步实现了"绿我涓滴，会它千顷澄碧"的成效。

（3）社会综合效益。兰考县黄河滩区优质草业带建设将黄河滩区变成了一望无际的大草原，呈现出"天苍苍、野茫茫，风吹草低见牛羊"的壮美景观，与黄河毛主席纪念亭、焦裕禄精神文化体验基地、铜瓦厢遗址等优质红色旅游资源互相融合，实现牧草种植与文旅产业融合发展，有效助推乡村振兴。

（二）新乡市黄河滩区生态建设

黄河流经新乡境内 170 公里，穿越平原示范区、原阳县、封丘县和长垣市，涉及 21 个乡镇 504 个行政村。过去受水患影响，滩区生产、生活、生态空间受到严重破坏，发展水平滞后，滩区群众盼生活富裕、盼产业发展、盼生态改善的愿望十分强烈。新乡市以黄河流域生态保护和高质量发展统揽经济社会发展全局，在沿黄生态带建设上先行突破，打造黄河岸边的山水园林、郑州大都市区的生态绿核、郑新一体的生态纽带、高质量发展的示范区、乡村振兴的试验区、黄河文化的传承创新样板区，真正让黄河成为造福人民的幸福河。

1. 构建黄河滩区区域生态格局

2017 年初，新乡市坚持规划先行，完成总长度约 170 公里、总面

黄河滩区小麦丰收

积 1262 平方公里的《新乡市沿黄生态带发展规划》编制工作。黄河流域生态保护和高质量发展上升为国家战略后，又结合《黄河流域生态保护和高质量发展规划纲要》要求，将黄河流域生态保护和高质量发展与郑新一体化、城乡融合、县域治理、乡村振兴、脱贫攻坚等多篇文章一起做，加大对水生态文明、生态园林、文化旅游、绿色制造、现代服务业、乡村振兴、交通运输等七个方面的研究力度，编制完善总体规划和沿黄生态带、郑新高新技术产业带、沿黄绿色产业带、国家农业高新技术示范区创建等专项规划，构建完善的规划体系。

2. 多举措推动生态经济及绿色产业发展

新乡市深入贯彻习近平生态文明思想，以黄河流域生态保护和高质量发展为引领，实施沿黄生态带、南太行文旅康养产业带、大运河国家文化公园等重大生态工程，将"一山两河"打造成绿色的生态带、璀璨的文化带和缤纷的旅游带，促进生产空间集约高效、生活空间宜居适度、生态空间山清水秀。

一是优化产业布局，加快郑新高新技术产业带、沿黄绿色产业带建设，着力构建"大十字"产业架构。大力发展电池和新能源汽车、生命科学和生物技术、航空航天、新材料、物联网和 5G 通信、大数据、人工智能和机器人、节能环保等新兴产业。二是把水资源作为最大的刚性约束，严格实行水资源消耗总量和强度双控，严控新上或扩建高耗水、高污染项目。三是推进项目建设，建立黄河流域生态保护和高质量发展项目储备库，共设立生态环保、黄河安澜、水资源节约集约利用、产业转型升级和创新、开放合作、城乡融合发展、保护传承黄河文化、基础设施互通互联、民生保障 9 类项目。四是发展文化产业，深入挖掘黄河文化的时代价值，谋划实施"一山两河三城四镇"（一山，南太行；两河，黄河、卫河；三城，生态城、森林城、卫辉古城；四镇，陈桥古镇、百泉古镇、原武古镇、唐庄镇）文化标志性工程，讲好黄河故事，传承黄河文化[①]。

3. 滩区生态经济协调发展效益显著

新乡市围绕滩区生态治理，建设 66 公里的沿黄河生态观光廊道、63 公里的沿幸福渠穿滩公路廊道、174 公里的沿黄大堤生态廊道、53 公里的天然文岩渠生态廊道、300 公里的沿高速高铁生态廊道、57 公里的 10 条进滩公路生态廊道建设等六大重点廊道，大力推进滩区路网、水网、林网"三网"建设，10 条进滩路已有 8 条建成通车，滩区道路通达能力明显改善。

封丘李庄新区通过配备公园、医院、幼儿园、养老院等，让幼有所教，老有所养。同时，还引进企业入驻，带动当地经济发展，为群众

---

① 李一川：《打造黄河生态保护"样板区"》，《人民日报社〈民生周刊〉官方账号》2021 年 6 月 23 日。

提供就近就业机会。滩区搬迁，不仅提高了群众的生活质量，还最大限度地保护了黄河湿地的生态自然景观。在封丘县陈桥东湖湿地，共发现鸟类 156 种，水生物种 100 多种，爬行两栖类 35 种。

平原示范区坚持生态优先，在桥北乡老庄村广场附近，种植丝棉木、杜仲、香樟、迎客松、紫荆、紫薇等绿植，建成植物游园一期 30 余亩，推广以"一村一品"的理念，发展集果蔬园、住宿、休闲于一体的乡村旅游。在季庄村打造集摘水果、钓鱼、百锅宴等项目于一体的乡村田园体验园。新乡市立足滩区区位、生态两大优势，以平原示范区作为新乡沿黄生态带建设主阵地，开创了"河畅、岸绿、堤固、景美、民富"的高质量发展新局面。

### 三、河南引黄涵闸兴水惠民的水利实践

新中国成立后，在党和政府的领导下不仅锁住了频繁泛滥"黄龙"，还在大河上下修建了大批引黄灌溉水利工程，昔日的"黄泛区""盐碱地"已成沃野千里。特别是黄河流域生态保护和高质量发展上升到重大国家战略之后，各项工作进入新的更高的发展阶段，黄河正在成为造福人民的"幸福河"。

党的十八大以来，习近平总书记 5 次到河南考察，每次都必看农业、必讲粮食，要求河南扛稳粮食安全重任，立足打造国家粮食生产核心区。党的二十大报告指出，粮食安全是国家安全的重要基础，要全方位夯实粮食安全根基，确保中国人的饭碗牢牢端在自己手中。河南黄河下游引黄灌区是我国夏粮主产区，在我国粮食格局中具有举足轻重的地位。近年来，受黄河下游河床下切、河势变化等多方面因素的影响，涵闸引水能力严重下降，不同程度制约着黄河下游引黄灌区的发展。

（一）河南黄河引黄涵闸改建意义重大

实施黄河下游引黄涵闸改建工程，旨在恢复下游涵闸引水能力，改善黄河下游两岸及相关地区农业灌溉、城镇生活、工业及生态供水条件，消除病险涵闸安全隐患，保障下游防洪安全。加快推进涵闸改建工程建设，确保新建引黄涵闸早日投入使用，对保障沿黄地区、跨流域调水区工农业生产以及经济社会高质量发展有着重大意义。

2021年12月，黄河下游引黄涵闸改建工程经国家发展和改革委员会批准立项，是国务院部署实施的150项重大水利工程之一，河南段初步设计批复投资7.28亿元，包含15座引黄供水涵闸改建，涉及14个引黄灌区，灌溉面积862.1万亩，占河南引黄灌区设计灌溉面积的36.5%。同时，部分引黄涵闸还承担了引黄入卫、引黄济津、引黄入冀补淀等跨流域调水任务，为相关地区高质量发展提供水源支持。

2022年10月，河南黄河两岸10座引黄涵闸率先实施改建。河南黄河河务局成立工程建设领导小组及指挥部，建立"领导小组—建设中心—建管部—各标段项目部"四级责任传导体系，形成"项目部时刻抓—建管部日常抓—建设中心全面抓—领导小组统筹抓"的工程进度推进体系，为涵闸改建掌舵领航。项目法人针对不同涵闸情况，制订一闸一方案，精准施策，落实"三个马上"工作制，为全面推进施工进度节约时间成本；各建管部作为项目法人的工程建设现场管理机构，发挥一线战斗堡垒作用，服务指导参建单位完善工作机制，抓实质量控制，巩固安全保障，创新优化施工工艺，合理压缩技术间歇，解决各类技术难题。

（二）创新驱动工程建设高质量发展

坚持以工程建设质量、安全、进度和资金支付管理为重点，创新建立远程会商工作机制。制定进度目标并明确完成时间节点，实行日通

封丘县红旗引黄闸改建

报和周调度制度，落实"以日保周、以周保旬、以旬保月、按天控制"的工作举措，及时解决工程建设过程中遇到的困难和问题，强力推进工程建设进度。

项目法人围绕工程建设任务，锚定"三保三争一培养"目标，坚持"省局领导、各级联动，责任共担、分级负责，因事制宜、机制创新"原则，认真履行项目法人职责。按照"一闸一策"要求，指导施工单位施工进度计划的制订和执行。组织人员进驻施工现场，监督检查各个涵闸施工资源配置和工程建设进展情况，帮助施工单位优化施工方案；对组织不力严重影响施工进度的标段，实行专人专班管理。

在项目实施过程中，推进管理模式和信息化创新，严格坚守质量安全和制度红线。健全管理体系，利用现代科技手段，对工程进展及施工现场实施监控。打造基于 BIM+GIS 的河南黄河工程建设智慧管理系统，建立远程会商等信息化沟通机制，推进工程建设管理标准化、规范化、精细化、信息化；构建河南黄河工程建设全景监控中心，实现项目调度扁平化、一体化，不断提升项目协调管控能力。

（三）以工程质量安全引领高质量发展

每月一主题，2023年开展"质量安全整治月""廉洁文化进工地及文明施工月""工程建设资料专项检查月"等主题月活动，把规范管理、文明施工贯穿到每个主题月活动中。

落实安全生产责任制，开展风险隐患双重预防体系建设，强化危险源辨识和管控，突出抓好重点领域、重点时段的安全监管和隐患排查治理，将事故隐患消灭在萌芽阶段。在工程招标中将安全生产措施费作为不可竞争费列入招标工程量清单，确保安全管理资金落实。

坚持"百年大计，质量第一"。在工程招标文件和施工合同中加入施工质量要达到优良标准的条款。明确项目法人单位和建管部门质量负责人，落实质量管理责任制；在工程实施中严格按照设计标准及施工规范实施，从源头管理和细节入手，以"大禹奖"和"鲁班奖"的标准严把工程质量关。加大对工程建设质量的检查力度，组建专家检查组对工程进行巡回检查，督导参建各方质量体系建立和运行，委托第三方对工程实体质量抽样或平行检测。

（四）引黄涵闸改建成果转化落地成势

2023年6月，河南黄河两岸农业灌溉迎来用水高峰，黄河下游引黄涵闸改建工程首批开工的10座涵闸全部通过通水验收，老旧的引黄涵闸实现了"脱胎换骨"，引黄工程质和量全面提升。6月6日，马渡闸改建工程率先通过通水验收，完成旧闸拆除和新闸主体重建等建设任务。6月11日，邢庙闸率先通水运行，满足了邢庙灌区12.46万亩耕地灌溉需求，为扛稳粮食生产重任提供了根本保障。黄河下游引黄涵闸改建工程通水后，恢复相关引黄灌区灌溉面积约 262.1 万亩，恢复灌溉面积后年均粮食增产约 44.82 万吨，年农业灌溉增产效益约 5672 万元。

　　总的来看，河南黄河河务局统筹推进引黄涵闸改建，以节水惠民、精准扶贫的理念，不断推动河南黄河高质量发展。根据河南省委、省政府统一部署，协调开展黄河滩区居民迁建、生态农业建设等项目实施，创新河地融合新模式，探索新时期沿黄地区富民发展新路径，为河南省经济社会发展注入新动能。据统计，党的十八大以来，特别是自黄河流域生态保护和高质量发展上升为重大国家战略以来，河南省主要经济指标增速加快，GDP 总量不断攀升，为实现"两个确保"，深入推进"十大战略"奠定了坚实的经济基础。

郑州市金水区马渡引黄闸改建

# 第七章 文化黄河

　　黄河是中华民族的母亲河，是中华文明最主要的发源地。黄河文化是中华优秀传统文化的重要组成部分，是中华民族的根和魂。中华文明生生不息、绵延五千多年没有中断，黄河文化在其中发挥了重要的骨干作用、灵魂作用。黄河流域孕育了河湟文化、河洛文化、关中文化、齐鲁文化等，分布着郑州、西安、洛阳、开封等古都，诞生了《诗经》《论语》《墨子》《老子》《韩非子》《史记》等经典著作。从黄河流域灿烂的新石器文化，到"邦国"文明的诞生，到作为文化基因的正统观和"大一统"观念的形成，到礼乐文明与理性人文基因的养成，再到"自在"中华民族的形成，充分展示了黄河文化的丰富内涵及其历史意义。在这片黄色的土地上，奠定了泱泱中国的最初基业，形成了璀璨的黄河文明，铸就了中华文明的主体。

　　黄河文化作为一种形态多样、深邃博大、涵盖广泛、连绵发展的文化复合体，其内涵非常丰富。

　　从时间维度来讲，黄河纵横时空，在漫长的历史岁月里像一条纽带，串联起华夏大地上不同的民族和文化[①]。从炎黄及尧舜禹上古时期，接续商周文明奠基时期，再到秦汉、唐、宋、元、明、清封建王朝建立、完善至终结时期，无一不是在黄河这一水系辐射的扇面上化入化出、兴

---

　　① 王卫星：《黄河文化是中华民族的宝贵财富》，《人民政协报》2020年9月8日。

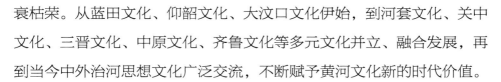

衰枯荣。从蓝田文化、仰韶文化、大汶口文化伊始，到河套文化、关中文化、三晋文化、中原文化、齐鲁文化等多元文化并立、融合发展，再到当今中外治河思想文化广泛交流，不断赋予黄河文化新的时代价值。

从地理维度来讲，黄河文化覆盖的空间范围非常广。历史上黄河频繁改道，曾流经青海、四川、甘肃、宁夏、内蒙古、陕西、山西、河南、河北、安徽、湖北、江苏、山东以及北京、天津 15 个省（市、区），人类依偎这条大河和气候、地质、地貌以及自然地理条件生产生活形成了独具特色的区域文化。历史上黄河多次泛滥和改道也使得黄河文化超越了地理空间限制，并在与周边长江文化体系的交错影响、相互融会中不断发展壮大，形成了同中有异、刚柔相济的文化品格。

从体制维度来讲，在人类文明发展之初，黄河文化仅仅是一个区域性的文化，但随着政治体制改革和政权更迭，从夏、商、周到汉、唐、宋，中国进入了以"长安—洛阳—开封"为东西轴线的中国大古都的"黄河时代"。源源不断的黄河、绵绵不尽的黄土、生生不息的黄种人，是中华文化的最核心要素，成为中华民族最具代表意义的文化符号，形成了独具中国特色的黄色文明。此后，黄河文化的基本体制不断发展，并与不同历史时期政治制度、意识形态、治理规范、风俗习惯等有机结合，从而成为中华文化最具代表意义的象征。

从属性维度上讲，黄河文化中生存秩序的独特性来自黄河水系本身的地理特性。黄河的自然资源禀赋孕育产生了农耕文化、草原文化、丝路文化、少数民族文化、海洋文化等。沿黄区域充分发挥独特地理区位和生态旅游等各种资源优势，形成了民俗文化、科技文化、旅游文化、工程文化、非遗文化、红色文化以及民间各种文化等交融并存的黄河文化。

九曲黄河，蜿蜒万余里，把所流经地区的各种样态的文化串通连接在一起，形成了博大精深、独具特色的黄河文化。河南是黄河文明的重要源头和黄河文化的核心区域，是"最早的中国"所在地，是"黄河边上的中国"。河南作为黄河文化的地理中心，富集着黄河文明的历史遗存、文化景观，孕育了黄河文明的内容精髓、思想精华，是华夏儿女的心灵故乡和精神家园。作为河南黄河的代言人，河南黄河河务局对黄河的自然禀性最为了解，积累了大量的黄河文化遗产和文化资源，初步形成了融合自然和文化的研究能力。在推进黄河文化保护传承弘扬中，突出自身特色，采取务实措施，不断扩大黄河文化的社会影响，讲好河南黄河故事，为推进新时代黄河保护治理事业凝聚强大精神力量。

# 第一节　河流文化与河流文化生命

## 一、河流文化生命及表现

文化的核心内涵是精神和价值，广泛地反映在器物、制度、思想、生活方式等各个层面。河流文化则是人与河流长期互动过程中所创造的物质财富和精神财富的总和，它包括一定的社会规范、生活方式、风俗习惯、精神面貌和价值取向，以及由此所达到的社会生产力发展水平等。作为一种人类的文化、文明类型，河流文化与其他文化、文明形式共同组成了人类文化与人类文明，也被人们称为"大河文明"。例如，尼罗河文明、幼发拉底河文明、印度河文明、黄河文明……这些大河文明与人类文明息息相关，是人类文明的源泉和发祥地。

从一些学者的论述中，河流文化主要包括三个要素：地域性、同

二里头夏都遗址博物馆

质性和文化。地域性即以河流流经地区为地理范围限制；同质性即共同的趋向性和认同感；文化即这些区域所创造的物质财富和精神财富的总和。而要进一步探索河流和文化之间内在的和本质的联系，则需要通过"河流的文化生命"这一概念。确立河流文化生命的概念，就是要保持河流文化的可持续发展，旨在唤起人类对河流的良知。它是探讨作为自然现象的河流对于它所流经地区的文化的影响，即它在流域文化中的投影，是河流对人类精神生活、文化历史和文明类型的积极的启示、影响和塑造，是给流域文化带来的印记。但其并不是静态、单向地对人类文化产生影响，而是人与河流相互交往、对话、诠释的产物，是河流文化在实践中的具体表现，表达了人与河流的互动和同构。

　　河流文化与河流文化生命作为两个完全不同的概念，既存在差别，又相互联系。一方面，河流文化是一种文化、文明类型，与其他文化形式共同组成了人类文化与人类文明，是人类精神产物的存在方式，存在于人类精神产物的世界中；河流文化生命是维持河流文化的根和本，是河流生命的一种生命形式，它基于河流的自然生命之上，既存在于人类的精神世界，又存在于人类的精神产物世界，是河流的自然生命内涵的增加、生长、扩展和延伸，二者共同构成了河流生命。另一方面，河流文化与河流文化生命又密不可分，相互作用。河流文化生命具有影响人类精神生活和人类文化、文明类型的能力，直接影响着河流文化的发展方向与发展形式。而河流文化作为河流文化生命在人类文化中得以展现的一种文化类型，直接体现潜在的河流文化生命[①]。总的来说，河流文化生命是河流文化的根和本，河流文化是河流文化生命的表现，它们都融入人类文化与人类文明的长河之中。

河流文化生命有着诸多表现形式，主要通过精神文化、物质文化和民俗文化三个方面显现出来。精神文化主要是指意识和观念形态存在的文化形式，其中文字是河流和水的文化生命的基础的和初步的表现，河流文学与艺术作品成为人们情感抒发的源泉，四渎神、河神等神话与传说生动地构成并丰富着河流的文化生命，而中国早期的哲学、道德观与宗教成为河流文化生命的旺盛表现。物质文化是通过历史上创造的实物产品体现出来的当时时代的文化及其文化生命的活力。围绕河流修建的各种水利水电工程、人类与河流打交道过程中所发明制造得到各种器具装备、由河流和水引申出来的其他产品，

大河村遗址博物馆器物展示

---

① 魏晓宇：《河流文化生命的概念及意义》，哈尔滨工业大学，2006。

这些河流的物质文化和精神文化一样源远流长，使河流生命被赋予了更深的内涵，河流的文化生命也更加厚重多彩。民俗民风是包含着精神和物质文化的人们的生活样式和生活情调。端午节龙舟竞渡、中元节黄河放灯……民俗民风丰富着河流文化生命的内涵，而河流文化生命也以民俗、民风的形式反映出民族本土文化的深厚根基。

## 二、中国古代对河流文化生命的认识

河流文化生命作为河流生命的一种生命形式，是在漫长的历史发展过程中形成和产生的。河流的文化生命中的河流不是作为纯粹自然现象，而是作为人类文明史的一部分所具有的生命。千万年来，河流深刻影响了人类的历史发展进程，塑造了各具特色的文明类型。河流与人类文明的相互作用，造就了河流的文化生命[①]。

中国古代文化对于河流与水有极其丰富深刻的认识，这些认识构成了河流文化生命的一部分。人们最早对河流文化生命的认识可以追溯到我国古代的"天人合一"的思想。大禹治水相关典籍记载，"高高下下，疏川导滞"，其核心在于顺水之性，导使之通，由此形成了"因""无为"的思维方式。"无为"不是不作为，而是顺势而为，是善为，是"天人合一"。中国"天人合一"的哲学境界的基本精神就是人与自然万物得到主客相融，来源于作为中华文化源头的《周易》中所标示的，"天地之大德曰生""生生之谓易"，又在儒道释三家中有着丰富的诠释。河流文化的思维根源就是这种"天人合一"的哲学境界，它决定了中华民族对待自然的基本态度是了解自然、遵循自然，与自然和谐相处、

---

① 魏晓宇：《河流文化生命的概念及意义》，哈尔滨工业大学，2006。

共生。

在古代汉语中,表示河流的词汇有"渎""水""河""川""江""溪""涧"等。气、阴阳、五行都是中国哲学的基础性概念,构成了河流的基本解释框架和理论体系。在《尚书·洪范》的排序中,水处于五行之首,比《尚书·大禹谟》"金、木、水、火、土、谷"的顺序提前了,这表明了古人对水的重视。中国文化从独特的哲学理念出发,提出了"川,气之导也""川竭国亡"等内涵极其深刻的命题,表达了对于河流自然生命和文化生命的深刻认识。其意义超出时代,直到今天仍发人深省。这些论述对确立人与河流的新型关系,构建河流伦理学体系,建立新型的生态文明,都具有重要意义。"川,气之导也",把河流与自然的其他部分视为统一的整体,具有整体性和统一性的观念;同时,这个命题又以阴阳观念为基础,说明了河流与自然其他部分的联系、河流在自然中的作用,强调了河流对于人类的重要意义。

近代以来的河流学说往往把河流作为索取和斗争的对象,重视的是河流的工具性价值。以"川者气之导"为代表的中国古代河流学说重

京杭大运河

视的则是河流自身的内在价值，它在自然体系中的意义和对于人的超出工具性的神意价值。"川竭国亡"是中国哲学关于河流文化生命的又一深刻认识。国家的大河枯竭，国家必然灭亡，"川竭"是在传统文化中一个值得人们时刻警惕的事情，不少典籍都提到了这一问题。"川竭国亡"成为一种必然的认识之后，王室也经常将其作为前提或用作比喻，以反对不合时宜的政策。

随着对水的认识的不断深入，中华民族与水相处的智慧也在实践中显现出来。"立国必依山川"的古代建都根本原则，"建舟梁而不防川"与孟子提出的泽梁无禁仁政原则，运河、河渠、水井等人类文明成果和文化结晶，以河水为攻守的古人用水智慧，以及敬畏神意、为民祈福的河流祭祀，都体现出中国古人对自我存在方式与感知模式的规定性，在"天人合一"的哲学思维中展开，在道通于水的华夏智慧中落实。同时，河流在中华民族温和悦动的民族性格和文化偏好中投射，在中国古代艺术中，河流很早就是人类审美的对象，对书法、绘画都有着深刻影响，更是成为文学中的经常性背景和吟诵主题。

如今，社会格局的发展与变革，使人与水之间的矛盾日益尖锐，在各种突出问题的萦绕下，生态文明建设重新进入关键决策视野，为人类文明提供着丰富的经验与智慧，在历史与现实的交会中成为人与水和谐发展的根本路径。党的十八大以来，河流文化以农业文明的现代传承为根本，与海洋文化的开拓精神相融会，以马克思主义的真理力量为引领，走向新时代的创造性转化与创新性发展，体现了中国共产党人在坚持"历史的本质性"的维度中对传统文化、对民族命运的勇毅担当①。

---

① 胡晓艺：《中国河流文化的传统根脉与现代更生》，《广西社会科学》2019年第10期。

黄河流域的子民经历了长时间的生产实践，将"天人合一"理念运用到治水试验当中。国家非常注重传统生态建设对现今生态文明建设的价值，强调人与自然和谐共生的理念，吸收"天人合一"与"休养生息"等思想内涵，为在新时代背景下构建生态文明供给实践经验和思想启示。

# 第二节　古代典籍中的黄河文化

## 一、黄河在史地维度中演化

河流是人类文明的起源，它不仅孕育了人类文明，而且滋润着人类文明的不断成长和壮大，这之间有着一种亲情和血缘，便是"母亲河"的意义。

中华民族的母亲河——黄河，是中国第二大河，闻名世界的万里巨川，发源于青藏高原巴颜喀拉山北麓海拔 4700 多米的约古宗列盆地，流经青海、四川、甘肃、宁夏、内蒙古、山西、陕西、河南、山东等 9 省（区），最终注入渤海，干流河道全长 5464 公里，流域面积 79.5 万平方公里。

历史早期记录黄河的典籍，主要有《山海经》《禹贡》《史记·河渠书》等。这些古代典籍中，关于黄河的记载各不相同。

传统文献中，关于黄河的源头有两种说法，即"积石说"[1]和"昆仑说"[2]。由于古人对地势高寒的青藏高原探知较少，对黄河源头地理

---

[1]　赵晓林：《让大众从文献里读到没见过的黄河》，《济南日报》2022年8月2日。
[2]　孙景超：《中国古代对黄河源头的多元思考》，《寻根》2011年第12期。

的认识只能达到黄河上游的积石山附近（大约位于今阿尼玛卿山），此山海拔亦相当高，人们便以为黄河发源于此。《尚书·禹贡》提出"导河积石"，成为"导河积石"之说的源头。《山海经》记述："昆仑之虚在西北……河水出东北隅"，此即"河出昆仑"之说的源头，认为大川出名山，在中国文化中具有特殊地位的昆仑山自然是黄河源头的最佳选择。

《尚书·禹贡》记载："导河积石，至于龙门，南至于华阴，东至于砥柱，又东至于孟津。东过洛汭，至于大伾，北过降水，至于大陆，又北播为九河，同为逆河，入于海。"这里的"积石"指今青海省的阿尼玛卿山，"洛汭"即洛水入河处，"大伾"为山名，今河南省荥阳市西北汜水镇（又说在今浚县东南）。"降水"，即漳水（今漳河），"北过降水"，即黄河北流纳漳水合流。"大陆"即大陆泽，今河北省大陆泽及宁晋泊等洼地。"九河"是多支分流入海之意。意思是说，黄河自积石山导河，曲折到山西、陕西的龙门，南到华山的北面，再向东便到了三门峡砥柱山、孟津及洛水入河处，然后经河南省浚县东南大伾山，东北汇合漳水，向北流入河北省的古大陆泽，就此开始分为数支，因海口段受到海潮顶托倒灌，便河海不分，共同归入渤海。"九河"其中最北一支为主流，到今深州市南折而向东，循漳河至青县西南，又东北经天津市东南入于渤海。这条河因《禹贡》所载，故称为"禹河"[1]。

《史记·河渠书》是我国第一部具有专业性质的水利通史，后世各代大都以此书记载为主要参考[2]。《河渠书》载，"故道河自积石历龙门，

①　陈建国、周文浩、邓安军 等：《黄河下游河道近代纵剖面的形成与发展》，《泥沙研究》2006年第1期。
②　赵晓林：《让大众从文献里读到没见过的黄河》，《济南日报》2022年8月2日。

南到华阴，东下砥柱，及孟津、雒汭，至于大邳。于是禹以为河所从来者高，水湍悍，难以行平地，数为败，乃厮二渠以引其河。北载之高地，过降水，至于大陆，播为九河，同为逆河，入于勃海。"①

《山海经》认为，"又西北三百七十里，曰不周之山。北望诸毗之山，临彼岳崇之山，东望泑泽，河水所潜也，其原浑浑泡泡。"（这里的"泑泽"即罗布泊，新疆维吾尔自治区东南部湖泊，后《史记》《汉书》都采纳这一说法），意思是说，再往北三百七十里，有座山名叫不周山（古代传说中的山名，据说在昆仑山西北）。

《山海经》

在山上向北可以望见诸山，高高地踞于岳崇山之上，向东可以望见泑泽，它是黄河源头所潜在的地方。汉代张骞出使西域后向汉武帝报告说："于阗（汉时西域国名，在今新疆和田县一带）之西，则水皆西流注西海（今黑海或里海）；其东，水东流注盐泽，盐泽潜行地下，其南则河源出焉，多玉石，河注中国②。班固《汉书·西域传》："河有两源，一出葱岭，一出于阗，于阗河北流与葱岭河合，东注蒲昌海（罗布泊），其水亭居，冬夏不增减，皆以为潜行地下，南出于积石，为中国河云。"③ 因此，南北朝以前人们普遍认为，黄河的发源地远在今日新疆维吾尔自治区西部的帕米尔高原上，它东流入罗布泊，然后通过地下，潜流数千里，在今甘肃和青海两省交界处的"积石山"（小积石山，一名唐述山，又称拉脊山，在青海省东境循化撒拉族自治县境内）冒出

---

① 温乐平：《〈史记·河渠书〉中水利文化资料辑录》，《南昌工程学院学报》2013年第5期。
② 安京．休屠：《〈昆仑与《山海经》〉，《中国边疆史地研究》1998年第1期。
③ 安京．休屠：《〈昆仑与《山海经》〉。

地面，流入"中国"，然后东流入海。

北魏著名的地理学家郦道元所撰《水经注》，关于黄河的源头说法与《史记》《汉书》的说法一致，黄河源头发源于昆仑山脉，即塔里木河，然后北上直达巴尔喀什湖。

元代，都实奉命探查河源 (1280 年 )，这是历史上有记载的首次对河源的查勘，后据查勘资料编写的《河源志》中写道："……群流奔辏，近五十里，汇二巨泽，名阿刺脑儿"，"阿刺脑儿"指今扎陵、鄂陵两湖。清康熙四十三年 (1704 年 ) 和五十六年 (1717 年 )，先后派人到青海探寻河源和测量绘图，据折奏"初九日至星宿海……三河东流入扎陵泽"，根据查勘资料先后编绘《星宿河源图》和《皇舆全览图》，图中注明三河之中间一条为河源。

新中国成立后，黄河水利委员会同有关部门于 1952 年组织了一次历时 4 个月的黄河河源查勘，正式确定约古宗列曲 (玛曲 ) 为黄河正源 (当地藏民把黄河称玛曲，因流经约古宗列盆地，查勘队将这段河流起名约古宗列曲 )。

关于黄河源头，目前主要有两种看法：一种认为黄河为多源，其源头是扎曲、卡日曲、约古宗列曲；另一种意见认为，卡日曲全长 201.9 千米，是上述 3 条河流中最长的，应定为正源。

## 二、治水与治国的内在逻辑关系

大江大河从来与人类文明兴衰密切相关。有学者 [①] 概括影响中国命运的三大因素，其中之一就是"时而润泽大地、时而泛滥成灾的黄河"。

---

① 崔文佳：《江河之治见证新时代大国治理》，《北京日报》2020 年 5 月 15 日。

两千多年中，这条母亲河"三年两决口，百年一改道"。一定意义上，一部中华文明史就是与水旱灾害持续斗争的历史，这催生了中国人"海晏河清、四海安澜"的太平理想，孕育了大一统、集体主义等人文传统，也决定了治水成为治国安邦的重要内容。

（一）治水历来是帝王将相的大事

纵观中华民族历史，历朝历代的统治者无一例外都把治水作为治国安邦的大事，那些敢担当、有作为的帝王将相，更是在治水方面亲力亲为、建功立业。

秦始皇修建了郑国渠等传世水利工程，为统一华夏奠定了坚实基础；之后又开凿了灵渠，把岭南稳定而永久地纳入了秦帝国的版图。

汉武帝时，在关中大兴水利，恢复和巩固了当地的灌溉与交通。他还亲自指挥黄河的瓠子堵口，写下著名的《瓠子歌》。他也是历史上第一位亲临现场指挥堵塞黄河决口的帝王。

隋炀帝在位不足 14 年，花了 6 年时间在前人基础上修建了举世闻

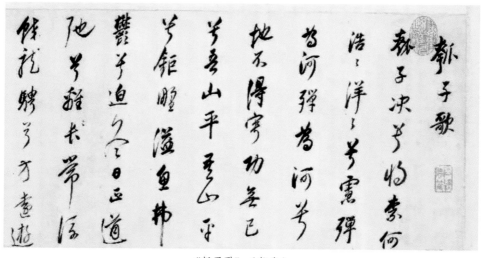

《瓠子歌》（部分）

名的隋唐大运河，把当时的大半个中国连成一体，如今已与京杭大运河、浙东运河一起成为世界文化遗产。

隋大运河

唐太宗开创贞观之治的秘诀之一便是兴修水利。面对黄河泛滥，他亲自到洛阳城外的白司马坂（一名白马山）视察水灾，还整顿治水机构，制定水利与水运的专门法规。

宋太祖亲自决策通达都城东京（今开封）的运河工程。他将流经开封的三条运河——汴河、惠民河、五丈河比作三条宝带，说明了漕运的重要性。政治家范仲淹在各地任职期间，兴建了多项大型水利工程，如江苏东部泽被后人的御咸工程——范公堤，实现了他"先天下之忧而忧"的宏愿。

明王朝投入大量精力治理黄河。朱元璋把黄河治理提到重要国事日程，下诏大力提倡农田水利；明成祖朱棣逐渐加强黄河灾害防御和堤防修守；明景帝朱祁钰任命徐有贞为金都御史以"治河三策"完成沙湾的治理；弘治皇帝朱佑樘任命刘大夏统领治河事宜，平息肆虐多年的黄河水患；内阁首辅张居正命潘季驯治理黄河，产生了对后世影响极深的"筑堤束水，以水攻沙""蓄清刷黄保漕"治黄治运方略。

清康熙皇帝除了重用靳辅等治河能臣，他自己也亲力亲为，悉心阅览治河典籍，深入研究历代治河得失，先后六次南巡，视察黄河运河情形，在长期黄河治理过程中，形成了自己的治河思想。他曾言，"朕听政以来，以三藩及河务、漕运为三大事，夙夜廑念，曾书而悬之宫中柱上。"① 其中，两件是治水。

出于对江河安澜的重视，秦汉以来中央政府均单独设立派出机构与官员，主管水利工程建设的计划、施工、管理等②。秦汉时期，中央设置有水行政管理机构。隋唐建立三省六部，由工部从事治水政令的管理。唐及宋金元时期设都水监，管理江河治理工程。明清以来，工部属官改称都水司，成为专设中央水行政机构。

（二）一部治河史就是一部治国史

圣人治世，其枢在水。

对农耕文明来说，水利是发展的基本保障、涉及民生的头等大事。"水利兴而后天下可平"，历史上，无论是分裂割据时期出于增强国力的考虑，还是一统天下时出于安定人心、发展经济的考虑，历朝历代都将水利作为稳定江山社稷的先置要事，他们或兴水利，或治水害，或通漕运，或以治水之道治理国家。历史上出现的每一个"盛世"局面，无不得益于统治者对水利事业的高度重视，得益于水利建设及其取得的巨大成效③。

由于中国水旱灾害频繁，早在两千多年前古人就认识到治水的重要性。春秋时期管仲有句名言，"治国必先除五害，五害之中以水为大"，这就是"治国必先治水"的由来。

春秋战国时期，诸侯争霸，对水利非常重视，特别是实施大规模

---

① 许灏：《善治国者必治水》，《陕西水利》2008年第1期。
② 《完善水治理体制研究》课题组：《我国水治理及水治理体制的历史演变及经验》，《水利发展研究》2015年第8期。
③ 《完善水治理体制研究》课题组：《我国水治理及水治理体制的历史演变及经验》。

的灌溉工程，是一个诸侯国走向富强、兼并弱国的"资本"[①]。管仲把治水与治国相提并论。《管子·水地》说："水者何也，万物之本原也，诸生之宗室也，美恶、贤不肖、愚俊之所产也。"[②] 以水为万物之本原，并认为水质好坏可以决定居民性格。他历数各地水质和当地居民性格的关系，"水清动而清，故其民间（简）易而好正。"他还认为治理社会关键在掌握水，"是以圣人之化世也，其解在水。故水一（不杂）则人心正，水清则民心易……是以圣人之治于世也，不人告也，不户说也，其枢在水。"《管子·度地》提出防水害、兴水利的重要性，"善为国者必先除其五害：水一害也，旱一害也，风、雾、雹、霜一害也，厉（疫病）一害也，火一害也，此谓五害，五害之属水为大。"[③] 在管仲的治理下，齐国水利建设发达，极大地提高了国力。齐桓公很快"九合诸侯，一匡天下"，成为"春秋五霸"中的一霸。

《史记·河渠书》记载[④]，韩闻秦之好兴事，欲罢之，毋令东伐，乃使水工郑国间说秦，令凿泾水自中山（今泾阳县张家山）西邸瓠口为渠，并北山东注洛三百余里，欲以溉田。中作而觉，秦欲杀郑国。郑国曰："始臣为间，然渠成亦秦之利也。"秦以为然，卒使就渠。渠就，用注填阏之水，溉泽卤之地四万余顷，收皆亩一钟。于是关中为沃野，无凶年，秦以富强，卒并诸侯，因命曰郑国渠。

郑国渠，历时十年于公元前 237 年完工，使得秦国农业极大发展，国力强盛，奠定了秦并六国的坚实基础。

---

[①]　牛志奇：《管仲的水利思想》，《学习时报》2020 年 6 月 19 日。
[②]　海妙：《室内家居设计中的风水观》，《丝绸之路》2009 年第 2 期。
[③]　张俊艳：《城市水安全综合评价理论与方法研究》，天津大学，2006。
[④]　王子今、郭诗梦：《秦"郑国渠"命名的意义》，《西安财经学院学报》2011 年第 3 期。

汉武帝刘彻延续了关中平原水利开发事业，是对治水安邦认识最深刻的封建帝王之一。汉武帝时期，治水治国思想最活跃，许多治水能匠和大臣上书陈述治水方略，水利建设空前繁荣。先后有大夫赵中建议兴修白渠、左内史倪宽建议兴修六辅渠、河东太守潘系建议开发晋南汾蒲水利等[①]。这些建议大多都付诸实践，多数都取得成功。如白渠建成后效益巨大，有歌谣唱道："田于何所？池阳谷口。郑国在前，白渠起后。举锸为云，决渠为雨。泾水一石，其泥数斗。且溉且粪，长我禾黍。衣食京师，亿万之口。"这首歌谣对泾河多泥沙的特点、优势以及白渠建成后京都繁荣的面貌，做了较为形象的表述[②]。

武陟治水名人园

唐太宗李世民将"水的哲理"举一反三，开创了贞观之治[③]。他即位之初，黄河流域水旱连发，百姓流离失所。他汲取隋亡的教训，告诫臣民，"水所以载舟，亦所以覆舟，民犹水也，君犹舟也。"他设义仓，免徭役，修水利，扶农桑，实行改革，复苏经济，终于形成了吏治清明、国强民殷的"治世"。为了修建水利工程，专门设立水部统管全国水利，成功解决了唐王朝北方的漕运与农田灌溉问题。他还主持推出了第一部系统的水利法典——《水部式》，对其后的朝代产生重大、深刻的影响。正是水利事业的蓬勃发展，让唐王朝的社会

① 许灏：《善治国者必治水》，《陕西水利》2008年第1期。
② 陈维达：《中国古代与黄河洪水抗争史话》，《传记文学》2021年第1期。
③ 许灏：《善治国者必治水》。

制度在短期内迅速建立，为和平稳定的社会局面奠定了基础。

北宋时期，黄河决、溢、徙频繁，灾害大大超过前代，特别是影响了漕运安全和都城东京（今开封）的安全，治河成为基本国策。北宋王朝探索出比较完善的治河技术和管理机制，其治河措施主要是采取筑堤、堵口和开引河、植树护堤等方法，重点对中下游河患进行防御，达到综合治理的效果。由于频繁抢险和堵口，既能护堤又可用于堵口的河工技术——"埽工"得到很大发展。特别是王安石主政期间，主持开展机械浚河、引黄、引汴发展淤灌等，对治黄技术进行了很多创新[①]。

清代统治者在历史成例和水患灾难中更加清醒地认识到水利对于民生经济乃至社会稳定的重要意义。康熙皇帝认为治理黄河不是小修小补，"务为一劳永逸之计"。在此思想指导下，靳辅提出了将运河和黄河一起治理的总体方案，即"审其全局，将河道运道为一体，彻首尾而合治之"。康熙治理黄河历时 30 年，黄河泛滥的问题基本解决，直到咸丰五年（1855 年）近 200 年间，黄河没有出现大的决堤现象，在历史上也堪称奇迹。雍正皇帝在康熙朝后期抗击大洪水过程中得到锻炼和考验，据载，康熙六十年（1721 年）到雍正元年（1723 年），3 年间武陟黄河先后 5 次决口，康熙皇帝指派他亲临堵口[②]。雍正皇帝即位后，命兵部侍郎、河道副总督加固堤坝，并为他曾经奔波抗洪的一段堤坝题名为"御坝"。乾隆皇帝也十分重视治河工程和水利事业的发展，认为水利"关系国计民生，最为紧要"，多次巡察、指导治河，对治水不力的官员予以严惩。

---

① 李平、王大宾：《〈河工器具图说〉所见之清代治河科技水平》，《新学术》2008 年第 6 期。

② 陈维达：《中国古代与黄河洪水抗争史话》。

历史上，我国水旱灾害频发。新中国成立之前的 2155 年间，发生较大洪水灾害 1092 次，较大的旱灾 1056 次，水旱灾害几乎每年都会发生，给中华文明造成的破坏，要远高于其他自然灾害[1]。许多封建王朝因治水不力，影响粮食安全与经济发展，如果再遭遇大的旱灾，往往激起社会矛盾引发动荡[2]。"河涨河落，维系皇冠顶戴；民心泰否，关乎大清江山"，嘉应观这副楹联写出了其中的道理。数千年来，河涨河落确实关系民心、关系江山社稷，这也是为什么黄河保护治理始终是国家战略要事的重要原因[3]。

（三）治水中蕴含的治国智慧

治国必先治水。治水不仅是水利活动，更是国家政治活动的主要手段和重要武器，是治国的基石和基础，是安邦的大计和大策。古人在治水活动中，总结凝练了大量政治智慧。

民为邦本，勤政爱民。历朝历代有作为的统治者都将治水作为稳定社稷民生的先置要事，贯通"安民""重民"等民本思想[4]。从秦始皇修郑国渠而灭六国终成霸业到康熙皇帝将"河务""漕运"书而悬之宫中柱上成就康乾盛世，从"位己高而意益下，禄己厚而慎不取"的孙叔敖到发配边关仍为民兴修水利的林则徐，都体现了朴素的以民为本、为政以德的执政理念。

事必躬亲，实事求是。《履园丛话》指出，"治水之法，既不可执一，

---

① 《完善水治理体制研究》课题组：《我国水治理及水治理体制的历史演变及经验》，《水利发展研究》2015 年第 8 期。
② 《完善水治理体制研究》课题组：《我国水治理及水治理体制的历史演变及经验》，《水利发展研究》2015 年第 8 期。
③ 陈维达：《中国古代与黄河洪水抗争史话》，《传记文学》2021 年第 1 期。
④ 《完善水治理体制研究》课题组：《我国水治理及水治理体制的历史演变及经验》，《水利发展研究》2015 年第 8 期。

泥于掌故，亦不可妄意轻信人言”[①]。治水者必须亲自跋山涉水，踏勘地形水势，因地施策，要求既不拘泥于成规，又不道听途说。从“陆行载车，水行载舟，泥行蹈毳，山行即桥”“三过家门而不入”的大禹到亲临“瓠子堵口”的汉武帝，再到亲自钻研水利理论进行水准测量的康熙帝，他们直接参与治河的事迹彰显了实干担当的勤政思想。

天人合一，顺应自然。中华民族历来追求人与自然和谐共生，在治水实践中也充分体现了这一智慧[②]。从“禹之决渎也，因水以为师”的大禹到“迁其道而远之，以势行之”的春秋管仲、“乘势利导，因时制宜”的秦时李冰、“不与水争地”的西汉贾让、“束水攻沙”“开导上源，疏浚下流”的明代潘季驯、“顺其水性，而不参人之意”治理江河的清代靳辅，都强调要顺应自然，加之利用和正确引导，彰显了和谐共生的思想。

### 三、历史著作中的黄河治理文化

在治河的漫长历程中，治河思想和技术不断发展，一些关于黄河治理的著作文献应运而生。

汉哀帝初期，要求“部刺史、三辅、三河、弘农太守”举荐能治河者[③]。贾让应诏上书，提出治河见解，由于包含三种治河方策，后世称为“贾让三策”[④]。

---

① 《完善水治理体制研究》课题组：《我国水治理及水治理体制的历史演变及经验》，《水利发展研究》2015年第8期。
② 《完善水治理体制研究》课题组：《我国水治理及水治理体制的历史演变及经验》，《水利发展研究》2015年第8期。
③ 佚名：《保留至今的我国最早的一篇比较全面的治河文献是什么？》，《山西水利》2012年第11期。
④ 《黄河水利史述要》编写组：《黄河水利史述要》，水利出版社，1982。

　　贾让上策是："徙冀州之民当水冲者，决黎阳遮害亭，放河使北入海。河，西薄大山，东薄金堤，势不能远泛滥，期月自定。"遮害亭在今滑县西南，这里是古大河的河口。大山，指太行山，也有说是善化山（今浚县西北），善化山是太行山余脉。"西薄大山"，可能是指遮害亭以下至漳河一段太行山东麓的高地。金堤，汉时泛指黄河堤，此处大约是指当时魏郡境内的黄河北堤。就是说，贾让要在遮害亭一带掘堤，使河水北去，穿过魏郡的中部，然后东北入海。这是一个人工改河的设想。

　　贾让中策主要思想是"多穿漕渠于冀州地，使民得以溉田，分杀水怒"。这是上策的蜕变。上策要在冀州改河，中策要在冀州穿渠。穿渠的目的，一则灌溉兴利，但主要是为了分洪。从治河意义上说，这种分杀水怒的穿渠主张，当属于分疏一类，其作用应是肯定的。

　　贾让下策是："若乃缮完故堤，增卑倍薄，劳费无已，数逢其害，此最下策也。"意思是，如果继续加高培厚原来的堤防，即使花费很大气力，也仍不会有好的效果。在贾让看来，原有堤防把河道束得太窄，失去了其有益的作用，已成为阻止洪水下泄的严重障碍 ①。

　　贾让的治河三策是保留至今的最早一篇比较全面的治河文献。他不仅提出了防御黄河洪水的对策，还提出了放淤、改土、通漕等多方面的措施 ②。应该说，这是治黄史上第一个除害兴利的规划。但有些规划不一定合理，还有部分内容叙述不太清楚，并没有付诸实施，但在两千年前提出如此全面的三策，实在难得。"贾让三策"所体现的宽河思想，对今天黄河下游治理仍有一定的现实意义。

---

　　① 杨国顺：《汉代的黄河与治理》，《人民黄河》1980年第3期。
　　② 佚名：《保留至今的我国最早的一篇比较全面的治河文献是什么？》，《山西水利》2012年第11期。

　　《河防一览》是明代潘季驯的著作，是古代最重要的河工专著之一。潘季驯一生四次治河，对黄河、淮河、运河进行大量调查研究，总结前人治河经验，提出了综合治理的原则："通漕于河，则治河即以治漕，会河于淮，则治淮即以治河，会河、淮而同入于海，则治河、淮即以治海。"他全面规划，实施了大规模建设，使治河工程不断完善。《河防一览》一书是"束水攻沙"论的主要代表著作，也是16世纪我国河工水平、水利科学技术和管理水平的重要标志，是我国水利典籍中的一件珍品[①]。

　　在黄河治理与开发历史上，关于治河思想的论争大致经历了三大高潮。一是汉代，二是宋代，三是明代。汉代和宋代的治河方案多但具体措施少、空洞议论多而见诸实践少。到了明代，特别是潘季驯的"束水攻沙"理论提出后，这一风气才有所好转。如果细加分析，这与潘季驯的治河名篇——《河议辨惑》是分不开的。

　　《河议辨惑》是潘季驯晚年的一篇重要著述。全篇以问答形式表述，共有大小议题31个，内容包括河有神否、故道能复否、洪水淤滩、蓄洪减水及治河和治漕的关系等，其中论述"筑堤束水，以水攻沙"的内容占半数以上。关于堤防的存在价值，一直是世人争论的焦点，反对意见长期占据上风。潘季驯重视堤防的作用，力主筑堤束水，有人便以贾让的堤防观加以反对。为此，《河议辨惑》中就有了这么一段精辟的论述。"惑有问驯曰：贾让有云，土之有川，犹人之有口也，治土而防其川，犹之儿啼而塞其口，故禹之治水以导，而今治水以障何也，无乃止儿啼而塞其口乎？驯应之曰：昔白圭逆水之性，以邻为壑，是为之障。

　　① 郭涛：《16世纪的治河工程学——〈河防一览〉》，《中国水利》1987年第1期。

若顺水之性，堤以防溢，旁溢则必泛滥而不循轨，岂能以海为壑耶？故堤之者欲其不溢，而循轨以入於海口也。譬之婴儿之口旁溃一痛，久之成漏，汤液旁出，不能下咽，声气旁泄，不能成音，久之不治，身且槁矣，何有于口？故河以海为口，障旁决而使之归于海者，正所以宣其口也。"意思是只有"顺水之性"，加强堤防，方能使洪水顺利入海，避免决溢灾患。这里，潘季驯以婴儿口痛不治的恶果来做比喻，形象又生动地阐释了"筑堤束水"的治河方策，读来饶有趣味。《河议辨惑》也成为解疑释惑、澄清史实的治河名篇，而潘季驯也因在堤防建设上的大胆创新和成功实践，被后人尊崇为"千载识堤第一家"。

另外，清代还有《治河方略》一书，为水利工程专家靳辅主编。书中介绍了黄河、淮河、运河等干支水系的情况，对于黄河演变、治理和历代治黄理论等都有详细记载。书中还总结了靳辅及其助手陈潢治河实践的新认识，对后代治河方略有着重要的影响[①]。

## 第三节　文化黄河建设的意义与时代价值

### 一、中国式现代化建设需要守正创新的文化理论

中华文明是世界上唯一绵延不断且以国家形态发展至今的伟大文明。当前，我国正处在强国建设、民族复兴的历史新方位。习近平总书记在文化传承发展座谈会上鲜明提出"中华文明与中国式现代化"这一时代课题，并作出深刻阐释——在新的历史起点上继续推动文化繁荣、

---

① 赵晓林：《让大众从文献里读到没见过的黄河》，《济南日报》2022年第8期。

建设文化强国、建设中华民族现代文明，是我们在新时代新的文化使命。中国式现代化赋予中华文明以现代力量，中华文明赋予中国式现代化以深厚底蕴。中国式现代化是中华民族的旧邦新命，必将推动中华文明重焕荣光[①]。

　　一切伟大的实践，都需要科学理论的正确指引。2023 年 10 月，党中央召开全国宣传思想文化工作会议，会议正式提出习近平文化思想，在新征程上高举起我们党的文化旗帜。

　　习近平总书记深刻指出，以中国式现代化全面推进强国建设、民族复兴伟业，是新时代新征程党和国家的中心任务，是新时代最大的政治。在党和国家事业发展的重要时间节点上，习近平文化思想的提出具有里程碑意义。作为新时代党领导文化建设实践经验的理论总结，这一重要思想为做好新时代新征程宣传思想文化工作、担负起新的文化使命提供了强大思想武器和科学行动指南。作为习近平新时代中国特色社会主义思想的文化篇，这一重要思想为全面推进强国建设、民族复兴伟业提供了坚强思想保证、强大精神力量、有利文化条件[②]。

　　马克思主义是我们立党立国的指导思想，马克思主义文化理论作为其中的重要组成部分，内涵丰富。马克思主义文化理论认为"文化是人的本质的对象化活动"，强调社会存在决定社会意识、社会意识反作用于社会存在[③]。在文化理论谱系中，文化实践是与物质生产实践、社会政治实践并列的社会基本实践形态。文化实践形态的提出既是马克思

---

① 任仲平：《为强国建设、民族复兴提供坚强思想保证、强大精神力量、有利文化条件——论深入学习贯彻习近平文化思想》，《人民日报》2024年2月6日第1版。
② 任仲平：《为强国建设、民族复兴提供坚强思想保证、强大精神力量、有利文化条件——论深入学习贯彻习近平文化思想》，《人民日报》2024年2月6日第1版。
③ 张振明、赵瑞熙、王孟秋：《习近平文化思想的理论渊源与实践基础》，《党建》2023年第11期。

主义文化理论对西方实践哲学传统中文化实践向度的承继，更是马克思主义唯物史观的题中应有之意①。

马克思、恩格斯及列宁等在文化的哲学维度、文化史的批判、经济基础与上层建筑的关系、意识形态理论、无产阶级文化等方面都有很多精辟论述。党的十八大以来，习近平总书记坚持辩证唯物主义和历史唯物主义，继承和发展了马克思主义关于文明起源、文化本质、精神文化生产发展规律、文化的意识形态性和多样性、文化的历史继承性和创新性、无产阶级掌握和巩固文化领导权以及社会主义文化建设等一系列文化理论，对一些重大文化理论和实践问题进行了正本清源②。

针对文化领导权问题，马克思主义认为，文化具有意识形态属性，必须以统治阶级的思想占据意识形态主流。习近平总书记强调，所有宣传思想部门和单位，所有宣传思想战线上的党员、干部，都要旗帜鲜明坚持党性原则。③坚持党性原则，就是坚持中国共产党的文化领导权和中华民族的文化主体性。针对物质文明和精神文明关系的问题，马克思主义认为，物质生产的发展推动精神生产的进步，反之亦然。

毛泽东的文化思想，深深植根于中国传统文化，源远流长，是在马克思列宁主义指导下逐渐形成的，既具有非常生动的实践理性，又具有丰富的工具理性和价值意蕴。新中国成立前夕，毛泽东曾这样展望，随着经济建设的高潮的到来，不可避免地将要出现一个文化建设的高

---

① 路向峰、王嘉莹：《走向实践的文化：唯物史观视野中的马克思主义文化理论》，《社会科学研究》2022年第5期。

② 张振明、赵瑞熙、王孟秋：《习近平文化思想的理论渊源与实践基础》，《党建》2023年第11期。

③ 白燕妮：《企业思想政治工作者提升"脚力、眼力、脑力、笔力"研究》，2019年度优秀研究成果汇编，2019。

潮……我们将以一个具有高度文化的民族出现于世界①。毛泽东在《新民主主义论》一文中强调了文化与经济、政治之间的关系，他指出，一定的文化（当作观念形态的文化）是一定社会的政治和经济的反映，又给予伟大影响和作用于一定社会的政治和经济②。

习近平总书记强调，"我们要继续锲而不舍、一以贯之抓好社会主义精神文明建设，为全国各族人民不断前进提供坚强的思想保证、强大的精神力量、丰润的道德滋养。"

中国式现代化是物质文明和精神文明相协调的现代化，物质富足、精神富有都是社会主义现代化的根本要求③。针对宣传思想文化事业的工作导向问题，马克思主义认为，文学艺术作品应该表现一定的人民精神，最根本的是艺术家的思想感情是否与人民休戚与共，艺术作品的内容是否能为人民所接受。习近平总书记强调："文艺要反映好人民心声，就要坚持为人民服务、为社会主义服务这个根本方向。""我国哲学社会科学要有所作为，就必须坚持以人民为中心的研究导向。"马克思主义文化理论为习近平文化思想提供了重要思想源泉，习近平总书记的这些重要思想观点同马克思主义文化理论一脉相承，同时深化了对社会主义文化内涵、作用和意义等规律性认识，实现了对马克思主义文化理论的创新发展④。

习近平文化思想，既是继承和发展马克思主义文化理论的时代产物，也是充分汲取中华优秀传统文化精华的思想结晶；既是中国共产

---

①　立言：《文化建设：社会主义现代化国家的固本之举》，《党史文苑》2020年第8期。
②　《毛泽东选集：第二卷》，人民出版社，1991。
③　宋刚：《二十大精神内涵下中国式现代化道路研究》，《哈尔滨学院学报》2023年第12期。
④　张振明、赵瑞熙、王孟秋：《习近平文化思想的理论渊源与实践基础》，《党建》2023年第11期。

党文化建设理论成果的创新发展，也是借鉴吸收人类创造的一切优秀文化成果的有力彰显。特别是习近平总书记强调要把马克思主义基本原理同中华优秀传统文化相结合，极大丰富、拓展了党的文化建设理论，是对中国化时代化的马克思主义的原创性贡献，开辟了马克思主义中国化时代化新境界，铸就了中华文化新辉煌，成为习近平文化思想形成和发展的重要"催化剂"和"助推器"。

## 二、黄河文化是中华民族的根和魂

习近平总书记在黄河流域生态保护和高质量发展座谈会上强调，黄河文化是中华文明的重要组成部分，是中华民族的根和魂，这是对黄河文化在中华文明产生和发展中的准确定位。翻开神州大地百万年的人类史、一万多年的文化史、五千多年的文明史，可以看出，中国古人类的进化、中华民族的形成、中华文明的演进发展，都能在黄河流域找到源头与关键节点。在这里孕育和不断升华的黄河文化，在中华文明体系形成发展过程中，始终是一条主干主轴主线，对中华文明的连续性、创新性、统一性、包容性与和平性普遍而持续地作出了举足轻重的贡献，并演化为中华民族的根和魂。

所谓"根"，就是说中华文明起源于黄河文化；所谓"魂"，就是说中华文明的基本内核、价值观念和黄河文化一脉相承[1]。

（一）中华文明起源于黄河文化

黄河文化之所以是中华民族的根，是因为中华文明产生于黄河流域，并留下了宏伟的物质标志。黄河是中华民族的摇篮，黄河文化是中

---

[1]　田学斌：《黄河文化：中华民族的根和魂》，《学习时报》2021年2月5日第1版。

华文明的根脉。从代表人类进入文明时代标志的文字、城址、青铜器制造要素来看，从进入文明时代标志的社会分工、私有制和阶级、国家出现来看，从考古发现来看，从民族融合和治理能力来看，沿黄地区都是中华民族最重要的发祥地。历史学家公认，经过历史长河沧桑岁月的风凋雨蚀，人类文明经过若干年后，留下来能看得见的东西寥寥无几，其中主要物质见证就是建筑，城市是其标志。在我国五千多年文明史上，黄河流域有三千多年是全国政治、经济、文化中心，八大文明古都，黄河流域有 5 座。夏以后，皇朝都城依黄河及其支流建立并转移，直到元定都北京，再到明清，黄河流域很多地方成为都城，留下的建筑成为文明的见证，也是文明发展的标志。

（二）中华文明传承了黄河文化的精粹

纵观中华文明的传播和发展，可以清晰地看到传承黄河文化的精粹，并沿着黄河文化的文脉演进和扩展。政治方面，以沿黄古都为政治中心，中华民族由松散的政治实体逐步走向统一和融合。经济方面，沿

《步辇图》局部

《清明上河图》局部

黄地区的居民发展了我国最早精耕细作的农业、繁荣的手工业和发达的商业，通过兴修水利工程治理黄河，避害趋利，黄河上游逐步成为中国最重要的畜牧区。文化教育方面，从《竹书纪年》、《史记》到《资治通鉴》，汇集了黄河文史之大成，锤炼出贾谊、司马迁、班固、左思、李白、柳宗元、司马光等一大批文豪。沿黄绘画、雕塑、篆刻、书法出现了《熹平石经》《兰亭序》《女史箴图》《步辇图》《清明上河图》等传世名作和麦积山、云冈、龙门等艺术宝库，涌现了阎立本、皇甫轸、吴道子、颜真卿等丹青大师，出现了孔子、孟子、荀子、程颐等教育大家。科学技术方面，产生了最早的天文历法家和数学，治理黄河也达到一定水平，涌现出一批治黄专家。《考工记》《禹贡》《水经注》《齐民要术》《梦溪笔谈》《天工开物》等反映了我国工、农及地理学等方面的技术成就。造纸术、印刷术、火药、指南针是沿黄地区最为辉煌的四大科技发明，是中华文明对世界文明宝库的重大贡献。思想学术方面，春秋战国时期是沿黄地区思想最为解放的时代，产生了道家、儒家、墨家、法家、名家、兵家、农家、纵横家、杂家，对后世影响很大。黄河文化以其博大胸怀吸收着域外文化的精华，并不断地把自己的文明推向世界。依靠丝绸之路等文化桥梁，美索不达米亚文明、埃及文明、花剌子模文明、印度文明和远东文明得以联结、传播，促进了世界文化的交流、融合和人类文明程度的共同提高。

（三）黄河文化孕育了中华民族精神

九曲黄河，塑造了中华儿女隐忍包容、百折不挠、愈挫愈奋的性格特质，形成了独特的民族精神。

和谐共生、兼收并蓄。长期生活在黄河流域的人们，在与自然相处的过程中，通过观察和研究，总结出春种、夏耘、秋收、冬藏的自然变化规律，依照时令进行农业生产，追求天、地、人三者合一，即是天时、地利、人和，强调自然与人类社会平衡与和谐。黄河流域自古是农耕文明与游牧文明、中原文化与草原文化融会交流的地方，不同族群和生产方式的反复交流、碰撞、融合，使黄河文化逐渐形成了兼收并蓄、开放包容的特质。春秋战国时代，黄河文化与中华大地上出现的游牧文化、吴越文化、荆楚文化等交流交融。唐代，黄河文化对印度、中亚、南亚等地区的多种文化进行兼容并蓄，并从中获得发展的强大动力。可以说，黄河文化在其发展中，自始至终以博大的胸襟包容万有，在兼收并蓄中历久弥新。

自强不息、勤劳务实。《易经》有云，天行健，君子以自强不息。黄河有"德水"之誉，但在历史上"善淤、善决、善徙"。面对频发的黄河水灾，沿黄人民百折不挠、愈挫愈勇，从大禹治水到潘季驯"束水攻沙"，从汉武帝"瓠子堵口"到清康熙帝把"河务、漕运"挂在宫廷的柱子上，中华民族形成了不屈不挠、坚忍不拔、自强不息、敢于拼搏的民族精神。盘古开天、女娲补天、夸父逐日、后羿射日、精卫填海、大禹治水、愚公移山等神话传说也都产生于黄河流域，皆体现了中华先民自强不息的精神。历史上，中华民族数次面临亡国灭种的危险，但是每每在危急关头都会涌现出无数仁人志士自强不息、发愤图强，自觉寻求救国保民的道路。正是在这种精神引领下，中华民族得以在经历近代的屈辱磨难后快速走向伟大复兴。同时，土生土长的华夏儿女，在与黄河的无数次斗争中、在黄河流域长期的农耕实践中，认识到天道酬勤、一分耕耘一分收获的道理，形成了勤劳务实、埋头苦干的价值取向，在与黄河的抗争和融合发展中，形成了自强不息、开拓进取的奋斗精神。

家国天下、团结统一。中国是多民族的国家，在历史的长河中不断交流、相互融合，形成了多元一体的"大一统"格局。这种"大一统"展现的是中华民族强大的包容性，是和而不同、同中有异、多样统一的理念。在文化演进发展的历史进程中，黄河文化吸收、容纳了不同地域的草原游牧文化、农耕文化、民族文化，形成了多元统一的文化体系。黄河文化孕育出的"同根同源""大一统"的民族意识，始终是中华民族寻根溯源的心理因循，是中华儿女保家卫国、维护统一的精神支撑，对于提升民族凝聚力、向心力具有不可替代的作用，也使华夏儿女常怀"为天地立心，为生民立命，为往圣继绝学，为万世开太平"的抱负，素有"天下为公""兼济天下""先天下之忧而忧，后天下之乐而乐""天下兴亡，匹夫有责"等博大情怀。

### 三、新时代文化建设与黄河文化保护传承弘扬

（一）新时代文化建设的"两个结合"

2023 年 6 月 2 日，习近平总书记在文化传承发展座谈会上强调，

"在五千多年中华文明深厚基础上开辟和发展中国特色社会主义，把马克思主义基本原理同中国具体实际、同中华优秀传统文化相结合是必由之路。"①"两个结合"是我们党在探索中国特色社会主义道路中得出的规律性认识，是我们推进马克思主义中国化时代化的根本途径。

第一个结合。马克思主义不是书斋里的学问，而是与实践高度关联，不断在指导实践、解决问题的过程中得到检验，又在推动实践发展的过程中得到创新发展。恩格斯指出："马克思的整个世界观不是教义，而是方法。它提供的不是现成的教条，而是进一步研究的出发点和供这种研究使用的方法。"马克思主义基本原理必须同各国具体实际紧密结合，才能发挥对实践的指导作用。中国共产党人通过把马克思主义基本原理同中国革命、建设和改革的具体实际相结合，取得了一系列马克思主义中国化时代化重大理论成果②。

第二个结合。中国具有坚定的道路自信、理论自信、制度自信，其本质是建立在五千多年文明传承基础上的文化自信③。中华优秀传统文化积淀着中华民族最深层的精神追求，代表着中华民族独特的精神标识，为中华民族生生不息、发展壮大提供了丰厚滋养。中华优秀传统文化和马克思主义虽然诞生在不同的历史时空，但彼此存在高度的契合性。中华优秀传统文化作为中华文明的智慧结晶，其中蕴含的天下为公、民为邦本、为政以德、革故鼎新、任人唯贤、天人合一、自强不息、厚德载物、讲信修睦、亲仁善邻等思想内容，与马克思主义相融相通④。具

---

① 任仲平：《增强实现中华民族伟大复兴的精神力量》，《人民日报》2023年6月4日第1版。
② 商志晓：《同中华优秀传统文化精华贯通起来》，《人民日报》2023年2月6日。
③ 任仲平：《增强实现中华民族伟大复兴的精神力量》，《人民日报》2023年6月4日第1版。
④ 商志晓：《同中华优秀传统文化精华贯通起来》，《人民日报》2023年2月6日。

体而言，在价值理念上，中华优秀传统文化中的大同社会理想，同马克思主义设想的共产主义社会理想高度契合；在思维方式上，中华优秀传统文化中的"福祸相依""物极必反"等辩证思维，与马克思主义唯物辩证法内在一致；在行为方式上，中华优秀传统文化中的"知行合一""躬行践履""经世致用"，与马克思主义"主观见之于客观""实践决定认识""理论联系实际"等实践观点具有共通之处。

（二）黄河文化蕴含的时代价值 [①]

黄河孕育滋养的黄河文化，具有源远流长、一脉相承、博大精深、内涵丰厚、交融汇流、多源一体、治水安邦、家国同构等内涵特征，彰显出强大的感召力、凝聚力和生命力。在中国特色社会主义进入新时代的今天，尤具鲜明的时代特征。

传承中华民族强烈的爱国主义精神。从夏代初期家国同构的社会结构，到逐步发展为国家政治体系，几千年来，黄河文化培育了中华民族强烈的爱国主义情怀。古往今来，无数仁人志士在国家危难关头挺身而出，以身许国，前赴后继，充分体现出中华民族忠诚爱国的精神内涵。

坚守黄河文化熔铸的中华民族共同价值观。千万年来，中华儿女在黄河流域繁衍生息，不断启发生存智慧，汲取创造灵感，陶冶民族品格，塑造了中华民族特有的精神气质。黄河文化熔铸了中华民族的共同价值观，成为维系中华文脉、凝聚社会力量、实现社会稳定发展的重要基石。

弘扬中华民族自强不息的奋斗精神。千万年来，黄河九曲十八弯、奔腾不息，塑造了中华儿女自强不息、百折不挠的民族品格，凝聚着中华民族深沉而坚韧的精神追求。从上古时代开始，面对黄河大洪水的重

---

① 侯全亮：《黄河塑造中华民族根与魂》，《黄河 黄土 黄种人》2023年第10期（上）。

大自然灾害，中华先人以治水的积极进取态度，在与洪水搏斗中，凝成了中华民族不惧艰险、敢于斗争的坚强意志。

注重黄河文化一元主导、多样并存的发展模式。在几千年文明历史发展过程中，黄河文化作为主体核心，不断吸收融合其他地域文化，形成了以黄河文化为中心，一元主导、多样并存的中华文化体系。黄河文化通过各种方式融合于中华民族的价值结构，塑造了中华民族的民族精神、民族性格以及民族思维方式，强化了中国人民对于中华文化的认同感和凝聚力。

秉承黄河文化蕴含的对外开放特质。黄河奔腾入海，黄蓝相拥的河口尾闾形态，给予了中华民族对外开放、世界文明交流互鉴、吸收外来文化精华、不断升华自我的深刻启示。

### （三）推进黄河文化保护传承弘扬是时代使命

党的十八大以来，党中央在领导人民推进治国理政的实践中，把文化建设摆在重要位置。在文化传承发展座谈会上，习近平总书记明确提出，在新的起点上继续推动文化繁荣、建设文化强国、建设中华民族现代文明，是我们在新时代新的文化使命。在黄河流域生态保护和高质量发展座谈会上，习近平总书记强调，深入挖掘黄河文化蕴含的时代价值，讲好"黄河故事"，延续历史文脉，坚定文化自信，为实现中华民族伟大复兴的中国梦凝聚精神力量[1]。

黄河文化是包容的文化、开放的文化，是与其他文化交流互鉴的成果，也必将在交融交流中历久弥新。黄河文化中蕴藏着崇尚变革、鼓励创新的基因，创新是最好的传承。黄河文化是中华优秀传统文化的重

---

[1]　刘欢、田野：《现代化进程中的乡村文化建设》，《中共山西省委党校学报》2023年第4期。

要组成部分，必须保持"传统"，同时，黄河文化又是与时代同步的文化，必须与时俱进。只有坚持"传统"与"时代"相结合，系统化、一体化推进，才能造就最具生命力的黄河文化。

加强黄河文化保护传承弘扬是挖掘黄河文化时代价值、凝聚奋进力量的有力抓手。黄河文化内涵丰富，蕴含的价值观念、理想人格、思维方式、审美情趣等，可以为人们认识和改造世界提供有益启迪，为治国理政提供有益启示，为道德建设提供有益启发。黄河文化作为中华文明的源头性、代表性、主体性文化，是中华民族独特的精神标识，是民族复兴、国家软实力的重要表征，是中华民族在世界文化激荡中站稳脚跟的坚实根基。加强黄河文化内涵与精髓研究，深入挖掘黄河文化蕴含的时代价值，有利于增强历史自觉、坚定文化自信，增强中华儿女"同根同源""大一统"的民族意识，铸造中华民族精神家园，凝聚起加快推进中国式现代化建设的磅礴伟力[1]。

加强黄河文化保护传承弘扬是助推区域高质量发展的重要支撑。黄河流域生态环境较为脆弱，经济增长相对缓慢，区域发展不平衡问题较为突出，迫切要求沿黄地区找到推动经济社会高质量发展的立足点、切入点和落脚点。做好黄河文化内涵与精髓研究，全面挖掘梳理黄河文化资源，促进黄河文化创造性转化、创新性发展，有利于以文塑旅、以旅彰文，推动沿黄地区文化产业、旅游产业做大做强，发挥黄河文化在推动生态保护、经济发展、社会进步等方面的重要作用，让黄河成为造福人民的"幸福河"[2]。

---

[1]　袁红英：《弘扬黄河文化　铸牢中华民族的根和魂》，《光明日报》2023年3月30日第6版。

[2]　袁红英：《弘扬黄河文化　铸牢中华民族的根和魂》，《光明日报》2023年3月30日第6版。

# 第四节　文化黄河建设的主要做法及成效

河南是中华民族和华夏文明的重要发祥地，是黄河文化的核心区域，历史文化资源积淀丰厚，是文化资源大省。河南沿黄 8 市 1 区文化遗产资源得天独厚，历史文化一脉相承没有断线，充分展现了黄河文明作为华夏文明主干的特征，同时古代、近现代人们治理黄河、利用黄河，留下了丰富的遗迹、遗物和非物质文化遗产，是黄河精神文化的重要承载。黄河流域生态保护和高质量发展重大国家战略的确立，使保护传承弘扬黄河文化成为重要任务，为河南黄河文化传承发展，进而带动河南历史文化开发利用提供了难得的机遇。

## 一、河南积极推动黄河文化保护传承弘扬 [①]

河南省明确提出"实施黄河文化旅游精品工程，全面启动黄河母亲地标复兴，把黄河建设成传承历史的文脉河、造福人民的幸福河"。坚持保护优先，持续开展黄河文化遗产保护利用，沿黄各市初步形成以河南博物院为龙头展示中原文明，以黄河博物馆为专题展示黄河文化，以各地市博物馆和各类专题馆、行业馆、民营馆为补充的全面展示黄河流域历史文化的体系，建立了相对完善的国家、省、市、县四级非遗名录体系，形成弘扬活化黄河文化、发展文化产业的良好态势。坚持融合发展，沿黄各地区分别编制了黄河生态文化旅游带总体规划，积极融入沿黄 9 省区旅游协作发展大格局，致力于打造一条集世界文化遗产、华夏文明、中华古都群、黄河湿地生态于一体的黄河华夏文明旅游带，推

---

① 王承哲：《河南文化发展报告（2023）》，社会科学文献出版社. 2022年12月。

黄河博物馆

出"中国大黄河旅游十大精品线路"。

河南省出台《黄河国家文化公园（河南段）建设保护规划》，统筹黄河文化、经济、生态等相关资源合理开发利用，以"文明的冲积扇"为核心理念，以都市圈、区域性中心城市等为极核，以黄河干支流及故道、山川形胜等为骨架，以代表中华文明、象征中华民族的重大黄河文明标识为着力点，着力构建"一核三极引领、一廊九带联动、十大标识支撑"的总体布局。"'一核'指的是郑州、开封、洛阳，三极为豫晋陕黄河文化联动发展增长极、豫冀鲁黄河文化联动发展增长极、豫皖苏黄河文化联动发展增长极；'一廊九带'则是以黄河干流为主廊道，伊洛河、贾鲁河、古济水—沁河、洹河、漳河、黄河北流故道、黄河南流故道、沿豫北太行山、沿豫西秦岭余脉为支脉。'十大标识'涵盖了人类发源、文明历程、生产生活、水利遗产、水陆交通、艺术荟萃、民族融合、人文景观、非遗传承、革命传统 10 大项。"规划重点围绕黄河文化主题，串联历史都邑、文物古迹、山水形胜、非遗等黄河重要文化与生态资源，通过上下游、左右岸、干支流系统谋划，以文化景观塑造协同生态环境保护，促进国家文化公园建设与生态保护修复相结合，多层次呈现黄河文化的丰厚内涵和时代价值。

郑州市提出将城市历史文化定位确立为"华夏之根、黄河之魂、天地之中、文明之源"，打造黄河历史文化主地标城市。围绕"两带一心"打造沿黄生态保护和高质量发展核心示范区、国家高质量发展区域增长极和黄河历史文化主地标。建设以黄河文化为主题的博物馆，集中展示黄河文化及与之密切相关的传统文化。推出一批重点文旅项目，将郑州沿黄旅游观光带及重点文化旅游项目列为黄河国家文化公园核心展示区、集中展示带、特色展示点。依托河洛汇流景观、南水北调穿黄工程、桃花峪景区、黄河博物馆、花园口黄河旅游区和大河村国家遗址公园等资源，推出一批旅游带精品线路。深入研究和大力宣传弘扬黄河文化，在对双槐树"河洛古国"遗址、大河村遗址等典型文化遗存系统挖掘考古的基础上，对黄河文化进行探源研究，实证郑州地区黄河历史文化主地标的重要地位；推进沿黄非物质遗产活化利用，建设黄河文化非遗传承体验中心。

开封市确定"三区一基地"的定位，谋划了黄河悬河城摞城保护展示工程和宋都古城保护展示工程，率先提出"关于打造具有国际影响力的郑汴洛黄河文化旅游带的议案"，启动了黄河历史文化主地标建设，即一带（沿黄生态廊道示范带）、一馆（黄河悬河城摞城展示馆）、一城（宋都古城）、一中心（国际黄河文化交流中心）和一讲述地（东坝头中国共产党治黄故事讲述地）。依托河南大学黄河文明与可持续发展研究中心，举办十余届"黄河学"高层论坛和首届黄河经济带发展战略

巩义河洛汇流

高层论坛。

　　洛阳市致力于完善文化旅游产业体系，大力发展节会旅游，积极推进郑汴洛黄河文化旅游带建设，加快构建黄河文化遗产系统性保护体系，规划建设一批重大文旅项目。目前，洛阳市黄河文化旅游带推出了大河风光体验之旅、中华文明溯源之旅、治黄水利水工研学之旅3条旅游线路。

　　新乡市确立了"生态保护优先、黄河安澜为重、集约节约用水为要、高质量发展为核、传承弘扬黄河文化为魂"的工作总基调。深化塑造"黄河精华·豫见新乡"主题品牌，促进跨界融合，丰富文旅业态，确定封丘黄河文化公园等一批保护传承弘扬黄河文化的重大项目。

　　焦作市梳理出黄河文化十大特色资源，并以理论研究为抓手推出一系列黄河文化创研活动，以理论宣讲为抓手传播焦作"黄河故事"，以项目建设为抓手谋划实施一批黄河文化精品项目，以专题调研为抓手推动编制落实一批黄河文化发展规划。

濮阳市依据黄河文化体系水文化脉线，实施黄河生态文旅工程，打造濮范台黄·金生态旅游带。发掘汉武帝"瓠子堵口"重大历史事件价值，加强遗址保护利用。整理北金堤两千多年防洪史，加快实施北金堤申遗。整理解放战争时期冀鲁豫黄河故道管理委员会在濮阳实施"黄河故道"历史资料，加强亚洲第一分洪闸、青庄险工等重点黄河水利工程历史作用的宣传，彰显治黄文化价值。

三门峡市重点打造"一廊""一带"工程，从文明之源入手、构建"早期中国"文明长廊；从生态优先入手，构建沿黄生态旅游示范带。积极推进庙底沟仰韶文化博物馆、大禹像文化公园以及三门峡天鹅湖省级、国家级旅游度假区等重大项目建设，做好文化产业落地。围绕黄河文化创作《鹭世界》《大天鹅》《三门峡记忆——黄河漕运与船工号子》等文艺作品。

## 二、黄河河务部门文化黄河建设探索与实践

《中华人民共和国黄河保护法》指出，要组织开展黄河文化和治河历史研究，推动黄河文化创造性转化和创新性发展；要加强对古河道、古堤防、古灌溉工程等水文化遗产的保护，统筹黄河文化、流域水景观和水工程等资源，建设黄河文化旅游带。《黄河流域生态保护和高质量发展规划纲要》第十二章对水文化遗产保护、治河技术成就展示等方面提出了明确要求。河南黄河河务局积极担负新的文化使命，坚定文化自信自强，深入挖掘整理河南黄河文化，继续推动黄河文化繁荣发展。

（一）研究提出文化黄河建设总体方案

明确将文化黄河建设摆在重要位置，纳入河南黄河保护治理"1562"

发展格局，围绕"中华源·黄河魂"主题，结合河南黄河保护治理实际，出台了《保护传承弘扬河南黄河文化工作方案》。持续对黄河文化资源进行梳理整理，紧密结合沿黄经济社会发展和生态文明建设，对文化黄河建设的目标方向进行探索，提出了推进黄河文化保护传承弘扬工作的具体举措。

加快推进河南沿黄生态景观建设。坚持以规划为龙头、创新为动力、项目为载体，把文化元素融入重点工程的规划、设计、建设、管理之中，打造融合自然景观、具有文化内涵的河南黄河防洪工程，使之成为弘扬黄河文化、宣传黄河文化、发展黄河文化的重要平台载体。对河南黄河生态廊道、国家水利风景区进行绿化美化，提升景区文化品位。推动以"郑汴洛"为核心的黄河文化及生态经济旅游带建设，做好黄河文化国家公园建设有关工作。抓好现有黄河堤防工程景点、历史文化遗存等开发建设，打造具有河南黄河特色的文化品牌。

兰考黄河最后一道弯风景

统筹建设河南黄河文化宣教平台。以建设国家水利风景区、水情教育基地、爱国主义教育基地、黄河志愿服务基地、中小学生研学基地、法治宣传教育基地等为抓手，打造多种形式的黄河文化宣传教育平台，使之成为"国家品牌"和"黄河名片"。着重发挥水利部治黄工程和黄

河文化成功融合案例宣
教作用，积极推进一系
列黄河文化展览室建设，
持续做好黄河文化与治
黄工程融合示范工作。

郑州黄河文化公园炎黄二帝塑像

保护传承好河南黄
河遗产文化。开展河南
省黄河流域重要水利遗产名录清查和治黄文化普查，建立河南治黄文化
名录，对重要红色水利工程、古堤防、古渡口、古堰坝闸坝、古碑刻题
刻、决口遗迹等进行拍照、摄像存档，对一些损害严重或濒临消失的重
点治河遗迹、治河器具、治河传统技术等进行抢救和保护。对黄河埽工
传统抢险技术技艺等，以视频记录、场景再现等手段进行留存保护。对
黄河号子等非物质文化遗产，有针对性地开展抢救、保护、传承和弘扬
工作。

持续挖掘黄河文化蕴含的时代价值。系统挖掘地域性治河传说、
黄河故事，梳理历代治河先贤在同黄河水患斗争中积累的智慧和经验，
多维度阐释"回到黄河"的历史逻辑，组织开展河南黄河文化系列丛书
编写，推出一批黄河文化研究方面的精品力作。通过对不同历史时期重
要治黄文献资料汇编，总结河南黄河保护治理的理论性和规律性认知，
为当代科技治黄、工程护黄、生态兴黄提供历史借鉴。

（二）推进黄河文化千里研学之旅品牌建设

河南黄河具有厚重的历史文化优势，拥有黄河故道、现行河道等
区位优势，以及千里堤防、黄河滩区等资源优势，为将这些优势有机结
合转化为产业发展优势，进而解决河南黄河开发利用不充分、文化资源

流动不畅通、文化产业发展创新不足等问题，同时增强黄河文化的软实力和影响力，建设厚植家国情怀、传承道德观念、各民族同根共有的精神家园。2022 年 2 月，河南黄河河务局与河南省文化和旅游厅签订《关于共同推进"黄河文化千里研学之旅"战略合作框架协议》，共同打造"黄河文化千里研学之旅"。

"黄河文化千里研学之旅"品牌标志

"黄河文化千里研学之旅"以现行黄河河道为主体，持续打造黄河文化连绵不断的探源地、支撑地和体验地，将黄河流域河南段富集的文化和生态资源，转化为社会公众特别是广大青少年学生可亲近、可感知、可体验的研学产品，进而全面展示以黄河为纽带的中华文明发展历程，弘扬团结统一、爱好和平、勤劳勇敢、自强不息的中华民族精神。

一是黄河现行河道研学路线，即研学中线。该路线是清咸丰五年（1855 年）兰考铜瓦厢决口改道后的河道，即河南黄河现行河道。依托黄河堤防、防洪工程、引黄涵闸等，充分展现人民治黄以来河南黄河保护治理成效。

二是黄河北流故道研学路线，即研学北线。黄河北流故道，包括禹河故道、汉代故道和北宋故道，研学主要内容为黄河下游河道变迁和北宋以前的黄河治理史。黄河历史上 5 次大改道有 4 次发生在北流故道，这里有反映重大历史事件、历代黄河变迁、治理成就的遗迹，如大禹治水、大伾山黄河改道遗址、汉武帝瓠子堵口遗址、宋代横陇河道三次回河之争、南宋杜充扒决黄河、元代黄河故道、明清悬河大改道等。

三是黄河南流故道研学路线，即研学南线。研究黄河南流故道涉及济水、淮河和汴渠，魏惠王开挖的鸿沟，汉代以前的古济水，隋唐通济渠，宋代汴渠，元代贾鲁河，研究明清时期黄河夺淮、京杭大运河等历史。研学就是结合黄河水系发展变迁，学习不同历史时期黄河、运河、淮河综合治理方略。

近年来，通过黄河河务部门、文化旅游部门、沿黄高校、博物馆等多方联动，黄河文化研学旅游项目建设有序有力。"大河安澜——黄河文化千里研学之旅"列为河南省十大研学旅行精品线路，在 2023 年世界研学旅游大会上向全球发布，推动黄河文化走向世界。郑州花园口、马渡险工、兰考东坝头、开封黑岗口等重点研学基地累计接待研学人员数十万人次，黄河文化得到有效宣传，特别是人民治黄以来取得的成就激发出社会各界人士关爱母亲河、保护母亲河的极大热情，为深入推进新时代幸福河建设营造了良好的社会环境。

（三）深入挖掘整理河南黄河文化

黄河文化研究阐释。成立黄河文化研究中心，加强宣传策划，组织专题实施，深化研究阐释，出版数十部书籍，如《河南黄河志（1984—2003》《河南黄河大事记》《大河安澜——河南黄河治理开发七十年》《河南黄河之最》《战洪图》《河南黄河防洪工程名录》《最忆是长河》《束与分的变奏——黄河治理简史》《河南黄河故事·焦作卷》《河南黄河故事·郑州卷》《河南黄河史》《黄河奔腾流中原——新中国成立以来河南对黄河的保护和治理》《大河清风——黄河文化中的廉洁基因》等，形成一批富有河南治河文化特色的精品力作。

　　《河南黄河志（1984—2003）》以河南黄河保护治理为中心，采用大量丰富、翔实的资料，客观地反映了河南黄河保护治理及流域经济社会发展历程，是一项系统的文化工程。2013年，该书荣获河南省史志优秀成果一等奖。《河南黄河大事记》较为详尽地记述了自上古时期至2011年河南黄河治理开发的大事，是一部资料性、实用性较强的志书。《大河安澜——河南黄河治理开发七十年》认真总结七十年间黄河保护治理的重大实践，揭示治黄工作的复杂性、长期性和艰巨性。《战洪图》以纪实的形式，将2021年新中国成立以来最大黄河秋汛这一特殊历史过程全面、客观、真实地记录下来。《河南黄河之最》从自然生态、防洪工程、抗洪抢险、开发利用、黄河文化等多个方面梳理出30多个河南黄河之"最"，普及了黄河知识。2022年4月，该书入选2021年度"豫版好书"，同年5月，荣获河南省首届"出彩中原"荐书大赛三等奖；2023年10月，荣获河南省优秀科普作品三等奖，11月，该书再获黄委科学普及奖。《河南黄河防洪工程名录》由水利枢纽工程、堤防工程、

河南黄河河务局黄河文化书系（部分）

险工、滚河防护工程、控导工程、滞洪区工程、引黄供水工程以及沁河防洪工程八个部分组成，遵循"先右岸、后左岸，自上而下"的原则，以图文并茂的方式，反映河南黄河防洪工程建设的历史和现状。《束与分的变奏——黄河治理简史》涉及历代黄河治理的政治、经济、文化、军事等方面，兼谈河南黄（沁）河堤防沿革问题，纵贯中国史的治河历程，系统叙述了人们"跑、壅、堵、障、疏、分、束、综合治理"等措施，通过成功或失败的实践探索，反映了古人先贤对这条最为复杂难治河流规律的不断认识，感知母亲河滋养两岸文明发展的步伐，表现中华民族自强不息、百折不挠的精神风貌。

*水利遗产普查。* 组织开展黄河流域重要水利遗产调查，以黄河古灌区、古灌渠、古河道、古渡口、治河重大事件碑刻和治黄水利典籍档案等为重点，对河南黄河沿线重要水利遗产现存数量、分布情况、保存使用等信息进行摸底调查，完成调查成果234项，10处遗产被列为首批黄河流域重要水利遗产。对下一步工作进行系统谋划：建立黄河流域重要水利遗产信息系统，实现重要水利遗产数字化保护和展示。开展黄河水利遗产保护理论与技术研究。推动重要水利遗产申遗，推进符合条件的水利遗产项目申报国家水利遗产认定。支持黄河流域古灌溉工程遗产申报世界灌溉工程遗产、支持黄河故道申报水利遗产。

*文化遗产保护。* 扎实做好黄河非物质文化遗产传承，对黄河号子、黄河埽工等非物质文化遗产进行系统梳理和技艺传承，推动黄河文化创造性转化和创新性发展。

黄河号子历史悠久。《宋史·河渠志》记载："凡用丁夫数百或千人，杂唱齐挽，积置于卑薄之处，谓之埽岸。"这里的"杂唱"，就是指黄河劳动号子，也叫埽工、河工号子。从号词来看，内容多取材于历史典

舞剧《黄河号子》表演

故、民间传说、地方戏曲等，地域性文化特色非常明显。近年来，对黄河劳动号子的挖掘与保护不断强化，成立专班打造了一支黄河号子表演队，邀请老一辈抢险专家传授传统抢险号子，吸纳和培养黄河号子传承人。坚持在传承中创新，创作富有时代特色的黄河号子，已编写材料《黄河抢险顺口溜》《抢险技术口诀》《巡坝查险三字经》。

黄河埽工技艺是劳动人民与黄河洪水长期斗争中创造的一种独特的河工技术，采用薪柴、土石、桩绳等，经过科学合理的连接组合而成，包括捆抛柳石枕、柳石搂厢等类型，用来堤防抢险、堵塞决口、施工截流，其表现形式为临时性水工建筑。因该技艺主要适用于多沙河道，故在华北地区应用广泛，也是主要传承地区。立足保护与传承，建设了黄河埽工演练基地，通过实物模型、数字动画、图片、影像等方式，活化治河传统技艺。通过首席技师工作室平台，开展埽工技艺的发掘、收集、整理、培训、传承等工作。组织黄河号子、黄河埽工表演或竞赛，命名一批优秀治河技艺传承人。

（四）水文化与水工程融合发展

水利部《"十四五"水文化建设规划》指出，依托水利工程设施，构建水文化展览展示体系。《河南省"十四五"文化旅游融合发展规划》明确，要彰显黄河文化在河南所呈现的根源性、核心性、融合性、延续性四大特征，突出黄河文化在中华文明起源和发展进程中的重要地位，发挥黄河文化对于中华民族根和魂的塑造作用，以保护传承弘扬黄河文化为主线，以黄河国家文化公园重点建设区为载体，延续黄河历史文脉，讲好黄河故事，大力弘扬以黄河文化为代表的中华文化，建设中华文化传承创新中心。

以黄河下游大堤为代表的黄河水利工程，是在历代黄河治理的基础上形成的，既是保障防洪安全的重要工程，也是具有深厚历史文化底蕴的水利遗产。近年来，各级黄河河务部门以黄河堤防、控导工程、险工护岸等工程为载体，根据不同河段及工程特点、水文化资源禀赋，将文化要素融入水利工程规划、设计、建设、管理等方面，明确倡导性、禁止性、许可性建设项目清单，将直管工程建设成为体现黄河水文化和治河文化的重要载体、展示人民治理黄河精神的重要窗口、实施黄河文化研学旅游的重要基地，实现水利、生态、文化、社会、经济融合共促。

（1）加强黄河水文化弘扬。推进水利工程水文化价值挖掘整理，充分挖掘重大水利工程的历史、科技、管理、艺术等水文化价值，收集一批工程建设管理的历史资料、实物照片以及人物故事等素材，整理水文化故事。加强黄河水文化阵地建设，以黄河水利工程、水文化展馆场点等为基础，配建水利科普、水利法治、廉洁文化方面的宣传教育设施，结合世界水日、中国水周、黄河保护法施行等节点举办各类展陈活动。

（2）加强黄河水文化传承。围绕"黄河文化是中华民族的根和魂""中华民族治理黄河的历史也是一部治国史"核心主题，梳理治河与治国的内在联系，开展人民治理黄河精神提炼研究。开展黄河法治进程史、黄河治理断代史、传统治河技术演变、黄河农田水利灌溉等方面的研究。以黄河博物馆、河南治黄文化展厅、黄河工程与文化有机融合案例为依托，持续提升"黄河文化千里研学之旅"品牌影响力。开展文学、书法、摄影专家走近河湖活动，推出系列文艺文学作品。推动黄河文化元素文创产品研发，依法依规使用好黄河标志和吉祥物。

（3）水文化与水工程融合的典型案例。河南黄河先后建成郑州花园口、台前将军渡、兰考东坝头等9处国家水利风景区，建设河南治黄文化展厅、林则徐治河文化广场等一大批治黄文化展示厅、文化广场，先后挂牌5家省级水利科普教育基地，命名首批8处黄河文化融合示范工程，成为保护传承弘扬黄河水文化、展示黄河治理成效的重要窗口。

黄河巨龙的缩影——黄河博物馆。1955年，我国第一座河流博物馆成立，这也是最早以黄河为主题的自然科技类博物馆[1]。作为宣传黄河的重要窗口、保护传承弘扬黄河文化的重要基地，黄河博物馆先后被命名为"国家水情教育基地""全国中小学生研学实践教育基地"等30多类教育基地。

万里黄河第一坝——三门峡。三门峡水利枢纽是新中国成立以来在黄河干流多泥沙河段首先兴建的一座高坝大库，在治河思想、治黄规划、泥沙科学、工程建设、工程管理等方面给人们带来很多启示，在人民治黄史和中国水利史上有着重要意义，被命名为全国爱国主义教育示

---

[1] 武建玲、杨丽萍、陈凯：《中外媒体记者行走黄河畔 感受"华夏国脉"品味"天地之中"》，《人民日报》2023年9月16日。

范基地。

人民治理黄河的窗口——郑州花园口。这是近代史上震惊中外的"1938年黄河花园口事件"的发生地。目前，作为承载黄河历史文化、见证重大历史事件的花园口，充分发挥传承红色基因和传统文化、弘扬民族精神和时代精神等方面的功能，成为向世界展示人民治黄成就的重要窗口。

花园口事件记事广场一角

黄河下游第一渠——人民胜利渠。作为新中国成立后在黄河下游兴建的第一个大型水利工程，1952年建成通水，结束了"黄河百害，唯富一套"的历史，揭开了开发利用黄河中下游水资源的序幕。如今，人民胜利渠成为红色教育基地[①]。

兰考东坝头。兰考黄河水利风景区依托黄河大堤和东坝头险工等水利工程而建，结合焦裕禄带领群众不断与"三害"抗争的历史，以"一

---

① 孙杰：《人民胜利渠精神凝练——纪念人民胜利渠开灌70周年》，《公关世界》2022年第18期。

兰考黄河水利风景区

部黄河史记、一首黄河悲歌、一段伟人足迹、一座治黄丰碑、一腔护黄情怀、一条研学之路"为主线，建设了中国共产党治黄故事讲述地研学项目，综合立体展示了黄河历史文化，传承弘扬了黄河精神[1]。

台前将军渡。台前将军渡黄河水利风景区以"晋冀鲁豫野战军强渡黄河纪念地"为依托，融合刘邓大军强渡黄河的"红色文化"、中国古代法治建设进程的"历史文化"、社会主义核心价值观的"文明文化"、宪法发展及法治建设的"法治文化"，以及黄河保护治理的"黄河文化"等元素，打造成具有鲜明特色的宣传教育基地[2]。

（五）文化黄河建设其他有益探索

1. "大河清风"廉洁文化建设

中华优秀传统文化、革命文化和社会主义先进文化在发展进程中

① 孙彬、孙俪方：《黄委4家水利风景区成功入选水利部〈红色基因水利风景区名录〉》，《黄河报》2023年1月10日。
② 孙彬、孙俪方：《黄委4家水利风景区成功入选水利部〈红色基因水利风景区名录〉》，《黄河报》2023年1月10日。

都蕴含着一定的廉洁基因，潜移默化地强化中华民族崇尚廉洁传统，勉励着人们修身律己、廉洁用权的自觉。黄河文化逐步孕育出的以崇尚廉洁、反对贪腐为主要价值取向的廉洁文化，包含思想精神、典章制度两个文化层面，融合价值理念、精神意趣、行为规范等方面内容为一体，是物质与精神的统一，自然与人文的统一，理念与实践的统一。黄河文化中蕴含的诸多廉洁基因，包括多个维度层次，是完善繁荣社会主义先进文化不可缺少的组成部分，是推动廉洁文化建设的重要保障，也是推进文化自信的重要抓手。在博大精深的黄河文化中挖掘其中的廉洁因子，探索廉洁文化建设的新方法、新路径，打造了"大河清风"廉洁文化品牌。

强化顶层设计，明确落实责任。成立廉洁文化建设领导小组，制定印发《河南河务局关于加强新时代廉洁文化建设工作安排》《河南河务局廉洁文化建设工作规划》，将廉洁文化融入黄河保护治理的各个领域，融入业务工作全过程。坚持继承和创新相统一，倾力打造"大河清风"廉洁文化品牌，征集"大河清风"LOGO标识，编纂出版《大河清风——黄河文化中的廉洁基因》。丰富有形载体，坚持廉洁文化与治河工程建设、法治宣传基地、党建示范

带与生态景区建设相结合，将廉洁文化与黄河堤防工程文化相融合，建设廉洁文化阵地30余处。郑州郑工合龙文化宣传阵地、开封林则徐治河文化广场、原阳栗毓美纪事广场、焦作老龙湾黄河文化苑等宣传基地已成为沿黄各地机关干部感受清廉文化的重要阵地；同时，还建设了遍

布黄河沿线、富有自身特色的文化"清廊""廉心亭"等微阵地，进一步丰富文化黄河建设的内容。

2. "河南黄河法治文化带"建设

河南黄河滩区内现有村庄 1000 余个，常住人口近百万。黄河流域生态保护和高质量发展重大国家战略实施以来，国家出台涉河法律法规多，滩区群众"学法、懂法、守法、用法"意识越来越强，常

林则徐治河文化广场

态化推动滩区群众学法用法的窗口不多。近年来，河南黄河河务局坚持以习近平法治思想和习近平生态文明思想为引领，坚持民字为本、创字当先，在文化黄河建设中，科学规划设计，将普法宣传贯穿其中，依托现有黄河堤防和各类防洪工程，建设全国第一个以带状形式呈现的法治基地——河南黄河法治文化带，被司法部命名为全国法治宣传教育基地。

积极打造普法长廊集聚群。充分发挥黄河沿岸堤防、险工涵闸等工程优势，在沿堤设置大型永久性宣传标牌，图文并茂、通俗易懂，打造普法长廊集聚群。建设法治文化示范基地，集生态、休闲、科普和教育于一体，坚持"VR、AR、AI"并举、"声、光、电"并用，多角度、立体化、全景式地展示宣传内容。如兰考东坝头开通沿黄首列"法治号"小火车，郑州花园口法治文化基地设置电子显示大屏、增加了二维码互动元素，濮阳台前影唐法治文化基地集普法长廊、普法纪念馆、法治文化公园、法治文化广场和刘邓大军渡河纪念馆"五位一体"，法治文化

与红色文化相得益彰。坚持自编自导自演，运用戏曲、小品、歌曲、快板、诗歌、动漫、书法、舞台剧、三句半和微电影等文艺形式，创作富有地方特色的法治文艺作品，微电影《砂场有爱》《拆不掉的恩情》《守护黄河》《新时代黄河谣》等在司法部、水利部、全国普法办各类比赛活动中多次获奖。

按照"一市一特色、一县一品牌"的原则，黄河河务部门与沿黄党委政府及司法检察等相关部门"共商规划、共建设施、共享成果"，结合沿黄不同地域特色和文化资源优势，建成普法长廊集聚群

兰考东坝头毛主席视察黄河纪念亭前"法治号"小火车

52 处、法治文化示范基地 43 个、普法成果展览馆 9 个。河南黄河河务局 26 个基层水管单位实现国家级、省级示范基地全覆盖，黄河两岸最醒目位置、最美丽河段都设置带有法治元素的宣传牌，河南黄河"千里生态走廊"已经成为"千里法治宣传长廊"。"河南黄河法治文化带"专属标识发布运用并获得国家版权登记，黄河法治文化建设不断加强，法治宣传及影响力不断彰显。

# 第八章

# 河南黄河保护治理高质量发展未来展望

万里奔腾，汇百川之激荡；九曲咆哮，惊千山之巍峨。

黄河是中华民族的母亲河，孕育了五千多年光辉灿烂的华夏文明。黄河流域不仅是我国重要的生态安全屏障，更是人类活动和经济社会发展的重要区域，在国家发展大局和社会主义现代化建设全局中具有举足轻重的战略地位。

当前，我国迈上了全面建设社会主义现代化国家、向第二个百年奋斗目标进军的新征程，实现中华民族伟大复兴正处于关键时期，需要有坚实的水安全支撑和保障。同时，我国经济已转向高质量发展阶段，推动经济体系优化升级，构建新发展格局，迫切需要加快补齐基础设施等领域短板，在更高水平上保障水安全。

河南省是国家促进中部地区崛起战略部署的核心区，承载了全国1/14的人口、1/18的经济总量和1/10的粮食产量，在我国空间格局和经济社会发展中具有重要地位。进入高质量发展阶段，河南省开启现代化建设新征程，到了由大到强、实现更大发展的重要关口，到了可以大有作为、为全国大局作出更大贡献的重要时期。黄河流域生态保护和高质量发展重大国家战略的提出，给河南省带来重要发展机遇，未来，大河大山大平原保护治理构筑的生态屏障作用持续凸显，以中原文化为中心的黄河文明凝聚的精神力量持续彰显。

河南省黄河流域地处黄河中游和下游，既是华北平原的重要生态安全屏障，也是全流域人口活动和经济发展的密集区域，更是黄河文化孕育传承的重要地带，在黄河流域生态保护和高质量发展全局中举足轻重。推进河南黄河保护治理与高质量发展，既是保障黄河安澜无恙、缓解水资源供需矛盾、提升流域生态环境质量、推进沿黄区域城乡发展、保护传承河南治河文化的客观需要，也是构建新发展格局、实现流域区域高质量发展的深层次内在需求。

2021 年 10 月，中共中央、国务院印发了《黄河流域生态保护和高质量发展规划纲要》，指导当前和今后一个时期黄河流域生态保护和高质量发展，为实施相关规划方案、政策措施和建设相关工程项目提供重要依据。

2022 年 5 月，水利部、国家发展和改革委员会印发实施《黄河流域生态保护和高质量发展水安全保障规划》，该规划为黄河流域生态保护和高质量发展重大国家战略"1+$N$+$X$"规划政策体系中，首个国家层面印发实施的专项规划。在深入分析黄河流域水安全保障面临的形势与挑战的基础上，提出水安全保障的主要目标和重点任务，为全面提升黄河流域水安全保障能力提供重要依据和有力支撑。

2023 年 5 月，中共中央、国务院印发了《国家水网建设规划纲要》，是当前和今后一个时期国家水网建设的重要指导性文件，对推动构建现代化水利基础设施体系，在更高水平上保障国家水安全，支撑全面建设社会主义现代化国家、全面推进中华民族伟大复兴，具有重要意义。

2019 年以来，河南省积极推进黄河流域生态保护和高质量发展工作，制定印发了《河南省黄河流域生态保护和高质量发展规划》和《河南省"十四五"黄河流域生态保护和高质量发展实施方案》，印发了沿黄湿地公园群发展规划和生态廊道建设、水污染物排放等标准，编制完成生态环境保护、文化保护传承弘扬、滩区国土空间综合治理等专项规划，统筹推进高质量发展与高水平保护，充分发挥对于黄河流域生态保护和高质量发展的指导和推动作用。

河南黄河保护治理与高质量发展工作要以规划为蓝图，把高标准的规划蓝图变为高质量的现实画卷，坚持以习近平新时代中国特色社会主义思想为指导，深入贯彻习近平总书记关于治水特别是黄河保护治理重要论述指示批示精神，共同抓好大保护、协同推进大治理，紧紧围绕让黄河永远造福中华民族的目标，进行前瞻性思考与河南实践，推进"安澜黄河、生态黄河、美丽黄河、富民黄河、文化黄河"建设持续发力，在更高水平上建设好、守护好母亲河，谱写出新时代中原更加出彩的绚丽篇章。

## 一、河南黄河防洪保安体系更加完善

坚持"人民至上、生命至上"原则，始终把保护人民生命财产安全摆在首位，遵循"两个坚持、三个转变"防灾减灾救灾理念，防洪安全保障能力将全面提升。从流域整体着眼，配合黄委完成黄河流域防洪规划修编，进一步优化流域防洪减灾体系布局，做好洪涝水出路安排，综合采取"扩排、增蓄、控险"相结合的举措，构建由水库、河道及堤防、分蓄滞洪区组成的现代化防洪工程体系，科学提升洪涝灾害防御工程标准；统筹防洪工程措施和非工程措施，进一步增强洪涝灾害防御能力，最大程度地减少灾害损失，确保重要城市、重要经济区、重要基础设施防洪安全。

（一）黄河河南段防洪治理持续提升

黄河下游河南段是防洪保安的重中之重，按照宽河固堤、稳定主槽的思路，进一步解决黄河下游防洪工程薄弱环节，确保防御花园口水文站 22000 立方米每秒大堤不决口。加强险工险段和薄弱堤防治理，推进下游标准化堤防现代化提升，实施下游险工和控导工程改建加固，全面提高工程抗险能力。以高村以上 299 公里游荡型河道为重点，继续修建控导工程，完善工程布局，进一步规顺河势，逐步塑造一个相对窄深的稳定主槽，维持主槽过流能力。

（二）重要支流防洪能力全面提升

加强沁河下游畸形河势治理，研究解决伊洛河夹滩区域防洪保安问题，加强金堤河等重要支流防洪治理，扩大河道行洪能力，提高支流防洪安全能力。根据不同支流特点，因地制宜采取经济合理的工程措施和非工程措施，强化山水林田湖草沙系统治理、综合治理，统筹推进防洪治理、河湖保护修复、岸线整治提升等，打造绿色生态廊道。

（三）北金堤滞洪区分区运用方案探索优化

统筹发展和安全，研究新的水沙情势和工程体系布局下北金堤滞洪区不同分洪和退水方式，探索北金堤滞洪区洪水分区滞蓄、分区运用布局方式。

（四）洪水监测预报预警不断强化

开展暴雨、洪水综合预报，完善洪水预报预警发布机制，加强水文、气象等多部门协作，运用物联网、卫星遥感、无人机等技术手段，强化对水文、气象、雨情、凌情等状况的动态监测和科学分析，提高预报精准度、延长预见期，加强流域洪水早期预报预警。

（五）洪水预演预案更加科学

运用数字化、智慧化手段，强化水工程预报信息与调度运行信息的集成耦合，根据雨水情预报，对水库、河道、蓄滞洪区蓄泄情况进行模拟预演，为工程调度提供科学决策支持。根据防洪工程、经济社会发展状况和防洪预演中暴露出的问题，科学制定水库防洪调度方式、蓄滞洪区启用时机与分退水方式、人员撤退转移方案等，完善洪水防御预案。

（六）应急处置能力建设不断增强

健全应急救援体系，完善工程抢险、水库调度、滩区蓄滞洪区运用、迁安救护、物资保障和通信保障机制，增强流域性特大洪水、重特大险情灾情突发事件应急处置能力，完善多部门协作应急处置机制。提升基层防灾减灾能力，加强机动抢险队和防汛仓库建设，加强防汛宣传、培训和实战模拟演练，提高防洪意识和应对技能，增强社会公众对水旱灾害的防范意识。

## 二、河南黄河流域生态更加健康

牢固树立生态文明理念，以涵养水源、保护河湖、维系生态廊道、提升生态功能、保障生态安全为目标，统筹水量、水质、水动能、水生态，协调上下游、左右岸、水域陆域，加强涉水空间管控，保障基本生态流量，加大重点河湖保护和综合治理力度，复苏河湖生态环境，恢复水清岸绿的水生态体系，持续改善水生态环境状况，扩大优质水生态产品供给。

（一）水资源刚性约束持续趋紧

精打细算用好水资源，合理确定可供水量，做好"八七"分水方案河南方案的优化细化，全面落实以水而定、量水而行，合理规划人口、城市和产业布局，促进河南经济社会发展与水资源承载能力相协调。从严从细管好水资源，严格水资源刚性约束监管，建立健全全过程用水监管体制机制，严格控制用水总量和用水强度。

（二）节水质效全面增强

充分发挥用水定额的刚性约束和导向作用，围绕农业、工业和城镇等重点领域，全面实施农业节水增效、工业节水减排、城镇节水降损，挖掘水资源利用的全过程节水潜力，加大非常规水利用力度，进一步实现水资源高效利用。创新水权交易措施，用好财税杠杆，发挥价格机制作用，倒逼提升节水效果，提高水资源循环利用水平。

（三）流域水资源配置科学高效

统筹考虑流域水资源科学配置，细化完善干支流水资源分配方案。统筹当地水与外调水，在充分考虑节水的前提下，留足生态用水，合理分配生活、生产用水。建立健全干流和主要支流生态流量监测预警机制，明确管控要求。加强农村标准化供水设施建设。开展地下水超采综合治理行动，加大中下游地下水超采漏斗治理力度，逐步实现重点区域地下水采补平衡。

（四）黄河下游生态走廊建设蔚然成风

以稳定下游河势、规范黄河流路、保证滩区行洪能力为前提，统筹河道水域、岸线和滩区生态建设，保护河道自然岸线，完善河道两岸湿地生态系统，建设集防洪护岸、水源涵养、生物栖息等功能于一体的黄河下游绿色生态走廊。加强下游黄河干流两岸生态防护林建设，因地制宜建设沿黄城市森林公园，发挥水土保持、防风固沙、宽河固堤等功能。统筹生态保护、自然景观和城市风貌建设，塑造以绿色为本底的沿黄城市风貌，建设人、河、城和谐统一的沿黄生态廊道。

（五）水资源节约集约水平大幅提升

水资源刚性约束机制进一步完善，全社会节水意识明显增强，用水效率和效益进一步提高，农田灌溉水有效利用系数持续提高，万元工业增加值用水量持续下降，节水型生产和生活方式基本形成；水资源配置格局得到优化，城乡供水保障水平明显提升，农村自来水普及率进一步提高，城乡饮用水地表化率进一步提升。

## 三、河南黄河环境更加美丽

坚持"依法治河"，破解重大体制机制障碍，强化流域统一规划、统一治理、统一调度、统一管理，完善流域保护治理协同机制，构建与现代流域管理体制相适应、体现黄河特点的现代化流域水治理体系，提升流域治理水平和管理能力。

（一）黄河保护治理法治体系更加健全

流域法律法规体系不断完善，《中华人民共和国黄河保护法》《河南省黄河防汛条例》《河南省黄河河道管理条例》法律法规深入贯彻实施。全过程涉水监管制度体系进一步构建，用水效率评估体系、流域水资源节约集约利用制度全面完善。创新完善水行政执法体制机制，流域与区域、区域与区域、河务部门与相关部门的联动联合执法实现常态化。

（二）流域保护治理协同机制不断升级

坚持共同抓好大保护、协同推进大治理，在河长制平台框架下，流域系统监管、生态产品价值实现等机制加快完善，区域间生态环境保护得到强化，流域治理水平进一步提升。

（三）河湖水域岸线强化管控

深入开展河湖"清四乱"常态化规范化，河南黄河水域岸线空间管控不断强化。滩区管控进一步规范，在不影响河道行洪前提下，结合"二级悬河"治理，推进黄河滩区生态保护修复，构建滩河林田草综合生态空间，发挥滞洪沉沙功能，筑牢下游滩区生态屏障。

### 四、河南沿黄百姓更加富足

坚持以人民为中心，完善富民增收机制，提高群众收入，提高公共服务供给能力和水平，支持区域经济社会高质量发展，进一步保障和改善民生，持续增强人民群众的获得感、幸福感、安全感。

（一）河南黄河滩区综合治理提升加快推进

因滩施策、综合治理下游滩区。论证实施黄河下游贯孟堤扩建，探索推进温孟滩防护堤加固等措施，解决滩内居民安全问题。结合乡村振兴和新型城镇化建设，在开封、兰考、原阳、长垣、濮阳等宽河段，统筹考虑防洪能力、群众意愿等情况，适时推进滩区居民有序迁建和安置，研究优化安置方式，引导滩内群众自主外迁。持续开展窄河段滩区安全建设巩固提升。明确滩区范围边界，严格岸线管控，实施滩区国土空间差别化管控，依法打击非法行为，实现滩区生态保护和高质量发展。

（二）城市防洪排涝安全保障持续增强

支持加强重要城市防洪排涝工程建设，实施县城防洪排涝达标建设，支持有条件地区结合生态、交通、景观开展多功能高质量防洪工程提升。统筹城市防洪排涝工作，加强重要城市周边山洪沟道治理，增强抵御灾害能力，逐步形成与城市规模、功能、定位相适应的城市防洪排涝体系。大力支持推进"海绵城市"和韧性城市建设，加强城市排水系统与城市外围防洪体系衔接，适当增加水体调蓄空间，严格保护泄洪通道，推进城市雨水利用和排涝能力进一步提高。

（三）农业生产安全保障不断夯实

巩固河南黄河对保障国家粮食安全的重要作用，稳定种植面积，提升粮食产量和品质。在粮食主产区，积极推广优质粮食品种种植，大力建设高标准农田，实施保护性耕作，开展绿色循环高效农业试点示范，支持粮食主产区建设粮食生产核心区。

## 五、河南黄河文化更加出彩

中华民族治理黄河的历史也是一部治国史。以治河文化为主题主线，结合黄河国家文化公园建设，着力保护沿黄文化遗产资源，深入挖掘黄河文化的时代价值，加强公共文化产品和服务供给，更好满足人民群众精神文化生活需要。

（一）黄河文化遗产系统保护

开展河南黄河文化资源全面调查和认定，摸清文物古迹、非物质文化遗产、古籍文献等重要文化遗产底数。实施河南黄河文化遗产系统保护工程，建设河南黄河文化遗产廊道。对濒危遗产遗迹遗存实施抢救性保护。提高河南黄河革命文物和遗迹保护水平，加强同主题跨区域革命文物系统保护。完善河南黄河非物质文化遗产保护名录体系。综合运用现代信息和传媒技术手段，加强河南黄河文化遗产数字化保护传承弘扬。

（二）黄河文化基因深入传承

开展河南黄河文化传承创新工程，系统阐发黄河文化蕴含的精神内涵，建立沟通历史与现实、拉近传统与现代的黄河文化体系。打造中华文明重要地标，支持深入研究规划建设黄河文化公园。支持河南黄河文化遗产申报世界文化遗产。综合展示河南黄河在农田水利、天文历法、治河技术、建筑营造、中医中药、传统工艺等领域的文化成就，推动融入现实生活。整合河南黄河文化研究力量，夯实研究基础，形成一批高水平研究成果。

（三）讲好新时代黄河故事

持续打造"黄河文化千里研学之旅"品牌，增强黄河文化亲和力，突出历史厚重感，向社会全面展示真实、立体、发展的黄河流域。广泛宣传治河文化建设重大成就和典型经验，创新表达方式，不断扩大治河文化社会影响力。

（四）打造具有国际影响力的河南黄河文化旅游带

推动文化和旅游融合发展，依托古都、古城、古迹等丰富人文资源，突出地域文化特点和农耕文化特色，打造国际知名文化旅游目的地。配合"一带一路"人文合作、世界大江大河文明交流等活动，讲述河南黄河治理的历史性转变、黄河水文化的深厚根基，积极向国际社会展示真实、立体的黄河流域生态保护和高质量发展成就。

## 六、愿景

推动黄河流域生态保护和高质量发展，具有深远历史意义和重大战略意义。河南对标中央，找准定位，谋划推进，经过丰富生动的河南黄河保护治理实践，取得了显著成效。下一步，我们将沿着习近平总书记指引的方向继续前进，咬定目标、脚踏实地、埋头苦干、久久为功，高质量完成既定目标任务。展望前方，我们相信，黄河与人类一定会更加和谐，人民与黄河一定会更加幸福，未来一定会更加美好！

到2030年，河南黄河防洪减灾能力全面提升。重要河段、重点区域防洪全面达标，河南黄河下游河道和滩区得到综合提升治理，水利工程安全隐患全面消除，薄弱环节整改建设全面完成，应对洪水灾害风险能力进一步提高，能够高标准实现"游荡型河道河势得到控制、确保大堤不决口"的目标，为流域区域高质量发展筑牢安全屏障。"黄患"被遗留在历史中，黄河安澜的局面持续巩固。

到 2030 年，河南黄河水生态环境质量将显著改善，涉水空间得到有效保护，基本生态流量得到有效保障，骨干生态廊道保护力度明显加大，主要水体的水生态系统得到有效保护；水资源节约集约利用水平显著提高，河南黄河水资源刚性约束制度全面建立，水资源超载得到有效治理，全社会节水意识明显增强，水资源配置格局得到优化，支撑流域经济社会高质量发展的水资源保障能力显著提升。黄河生态环境不断向好，河湖湿地生态有效恢复，黄河自然风光构成一幅灵动的生态画卷。

到 2030 年，河南黄河协同治理能力显著提升，流域统一规划、统一治理、统一调度、统一管理能力明显提高，流域法治体制基本形成，科学、高效、协调的水管理体制机制进一步完善，协同水治理体制机制进一步加强。河南黄河水环境质量持续提升，实现河畅、水净、岸绿、景美，城乡生产、生活、生态条件与环境明显改善，沿黄人民群众生活得更方便、更舒心、更美好。"美丽幸福"留在了黄河之畔、群众之心。

到 2030 年，河南黄河保护治理和高质量发展为人民群众提供更多优质的水利公共服务，区域经济社会持续高质量发展，特别是黄河滩区化水害为水利，产业发展、乡村振兴，滩区群众的生活发生了翻天覆地的变化，流域人民群众生活更为宽裕，获得感、幸福感、安全感显著增强。

到 2030 年，河南黄河先进水文化得到创新传承和大力弘扬，河南黄河水文化遗产保护能力、展示水平和传承活力显著提升，黄河文化的深厚底蕴与独特魅力迸发出时代的光芒，映射出新时代沿黄地区人民群众的美好生活，黄河文化影响力不断得到提升。讲好黄河故事，弘扬先进水文化，彰显黄河特色的水文化体系基本建成。

到 2035 年，河南黄河保护治理和高质量发展取得重大战略成果，黄河流域生态环境全面改善，生态系统健康稳定，水资源节约集约利用水平全国领先，现代化经济体系基本建成，黄河文化大发展、大繁荣，人民生活水平显著提升，在实现中华民族伟大复兴中发挥出更加积极的作用。

到 21 世纪中叶，河南黄河物质文明、政治文明、精神文明、社会文明、生态文明水平大幅提升，在我国建成富强民主文明和谐美丽的社会主义现代化强国中发挥重要支撑作用，真正把黄河建设成为造福人民的幸福河。